普通高等教育"十三五"规划教材

园林专业教学法

刘玉艳　主编

科学出版社

北京

内 容 简 介

本书是教育部、财政部"职教师资本科专业培养标准、培养方案、核心课程和特色教材开发"项目（VTNE064）的成果之一。

本书包括三大部分内容。第一部分介绍园林专业的教育现状和发展需求情况，即第一章；第二部分为园林专业教学法的应用，介绍基本教学法和适合园林专业职业教育的行动导向教学法，包括第二章至第十一章，本部分紧密结合园林专业课程内容，介绍了案例教学法、项目教学法、实验教学法、现场教学法、四阶段教学法、头脑风暴法、调查教学法、任务驱动教学法等；第三部分为几种行动导向教学法的实训，即第十二章。

本书可作为园林、风景园林专业及相关专业师范生的教学用书，也可以作为相关专业教师的参考书和培训用书。

图书在版编目（CIP）数据

园林专业教学法 / 刘玉艳主编. —北京：科学出版社，2016.10
普通高等教育"十三五"规划教材
ISBN 978-7-03-050170-7

Ⅰ．①园… Ⅱ．①刘… Ⅲ．①园林 - 教学法 - 高等学校 - 教材
Ⅳ．① TU986

中国版本图书馆 CIP 数据核字（2016）第237870号

责任编辑：王玉时 / 责任校对：赵桂芬
责任印制：徐晓晨 / 封面设计：黄华斌

科 学 出 版 社 出版
北京东黄城根北街16号
邮政编码：100717
http://www.sciencep.com

北京京华虎彩印刷有限公司 印刷
科学出版社发行 各地新华书店经销

*

2016 年 10 月第 一 版　开本：787×1092　1/16
2017 年 1 月第二次印刷　印张：10 3/4
字数：255 000
定价：38.00 元
（如有印装质量问题，我社负责调换）

教育部　财政部职业院校教师素质提高计划成果系列丛书

项目牵头单位：河北科技师范学院

项目负责人：刘玉艳

项目专家指导委员会

主　任　刘来泉

副主任　王宪成　郭春鸣

成　员（按姓氏笔画排序）

《园林专业教学法》编写人员名单

主　编　刘玉艳　（河北科技师范学院）

副主编　伍敏华　（河北科技师范学院）

　　　　　雷绍宇　（河北科技师范学院）

　　　　　高东菊　（上海农林职业技术学院）

参　编　（以姓氏笔画为序）

　　　　　王建梅　（河北科技师范学院）

　　　　　刘振林　（河北科技师范学院）

　　　　　汪　洋　（河北科技师范学院）

　　　　　张　锐　（河北科技师范学院）

　　　　　张国君　（河北科技师范学院）

　　　　　赵会芝　（河北科技师范学院）

　　　　　郭明春　（河北科技师范学院）

丛 书 序

《国家中长期教育改革和发展规划纲要（2010—2020年）》颁布实施以来，我国职业教育进入加快构建现代职业教育体系、全面提高技能型人才培养质量的新阶段。加快发展现代职业教育，实现职业教育改革发展新跨越，对职业学校"双师型"教师队伍建设提出了更高的要求。为此，教育部明确提出，要以推动教师专业化为引领，以加强"双师型"教师队伍建设为重点，以创新制度和机制为动力，以完善培养培训体系为保障，以实施素质提高计划为抓手，统筹规划，突出重点，改革创新，狠抓落实，切实提升职业院校教师队伍整体素质和建设水平，加快建成一支师德高尚、素质优良、技艺精湛、结构合理、专兼结合的高素质专业化的"双师型"教师队伍，为建设具有中国特色、世界水平的现代职业教育体系提供强有力的师资保障。

目前，我国共有60余所高校正在开展职教师资培养，但教师培养标准的缺失和培养课程资源的匮乏，制约了"双师型"教师培养质量的提高。为完善教师培养标准和课程体系，教育部、财政部在"职业院校教师素质提高计划"框架内专门设置了职教师资培养资源开发项目，中央财政划拨1.5亿元，系统开发用于本科专业的职教师资培养标准、培养方案、核心课程和特色教材等系列资源。其中，包括88个专业项目，12个资格考试制度开发等公共项目。该项目由42家开设职业技术师范专业的高等学校牵头，组织近千家科研院所、职业学校、行业企业共同研发，一大批专家学者、优秀校长、一线教师、企业工程技术人员参与其中。

经过三年的努力，培养资源开发项目取得了丰硕成果。一是开发了中等职业学校88个专业（类）职教师资本科培养资源项目，内容包括专业教师标准、专业教师培养标准、评价方案，以及一系列专业课程大纲、主干课程教材及数字化资源；二是取得了6项公共基础研究成果，内容包括职教师资培养模式、国际职教师资培养、教育理论课程、质量保障体系、教学资源中心建设和学习平台开发等；三是完成了18个专业大类职教师资格标准及认证考试标准开发。上述成果共计800多本正式出版物。总体来说，培养资源开发项目实现了高效益：形成了一大批资源，填补了相关标准和资源的空白；凝聚了一支研发队伍，强化了教师培养的"校—企—校"协同；引领了一批高校的教学改革，带动了"双师型"教师的专业化培养。职教师资培养资源开发项目是支撑专业化培养的一项系统化、基础性工程，是加强职教教师培养培训一体化建设的关键环节，也是对职教师资培养培训基地教师专业化培养实践、教师教育研究能力的系统检阅。

自2013年项目立项开题以来，各项目承担单位、项目负责人及全体开发人员做了大量深入细致的工作，结合职教教师培养实践，研发出很多填补空白、体现科学性和前瞻性的成果，有力推进了"双师型"教师专门化培养向更深层次发展。同时，专家指导委员会的各位专家以及项目管理办公室的各位同志，克服了许多困难，按照两部对项目开发工作的总体要求，为实施项目管理、研发、检查等投入了大量时间和心血，也为各个项目提供了专业的咨询和指导，有力地保障了项目实施和成果质量。在此，我们一并表示衷心的感谢。

编写委员会

2016 年 3 月

前　言

根据《教育部　财政部关于实施职业院校教师素质提高计划的意见》(教职成 [2011] 14号)，教育部、财政部规划了"职教师资本科专业培养标准、培养方案、核心课程和特色教材开发"项目，河北科技师范学院联合河北工程大学、河北旅游职业学院、北京正和恒基滨水生态环境治理股份有限公司、上海农林职业技术学院、河北省武安职业技术教育中心等单位承担了园林专业项目的开发任务。其中园林本科专业特色教材是本项目开发成果的一个重要组成部分。本教材是园林专业一套 5 本教材之一。

教学能力是教师素质的核心体现，教学方法的掌握和灵活运用是教师专业化能力的重要方面。园林专业是一个应用性很强的专业，融合农学、建筑学、工程学、艺术学等诸多学科特点与知识，兼有工、农特征与学科交叉特色。专业和学科的特点对教师的教和学生的学提出了挑战，在教学中如何利用现代科技，结合课程内容、教学对象等教学要素进行教学设计，选择适宜的教学方法，实现教学目标，提高学生职业能力是每一个教育工作者均应具备的能力。本教材希望在现代教育教学理论与理念下，结合园林专业的特点，展示适合职业教育特色、以培养学生职业能力为主的教学方法，并侧重各教学法案例应用，引导教师正确应用这些教学方法。另外，本教材中编写了几种教学法的实训项目，提高其实践性。

全书分为三大部分内容。第一部分内容是关于园林专业教育现状的概述，即第一章，主要论述了园林专业教育现状、特点、存在问题，同时分析了园林专业职业岗位需求和发展趋势。本部分内容为园林专业教学方法的运用和选择奠定了基础。第二部分是关于园林专业教学过程及一系列教学方法的介绍，这也是本书的重点内容。这些教学法更多地体现以学生为中心、行动导向学习、创新能力培养等现代教育教学理念。作者在调研及自身的体会中发现，很多教师并不确切地了解如案例教学法、项目教学法、任务驱动教学法等现代教学法的内涵、特点和功能，更不可能恰当地运用于教学之中。因此本教材利用较丰富的教学法应用实例，紧密结合园林专业课程内容，引导读者掌握这些教学方法。本书的第三部分是教学技能的实训，即第十二章，从教学设计到课件制作，然后是教学方法的实施，涵盖了教师主要的技能。实训可以让师范生的业务能力得到提高，能够更好地适应教师的工作岗位。

全书写作的具体分工如下：第一章、第二章、第三章、第四章第二节的案例 2、第五章第二节的案例 2、第六章第二节的案例 3、第七章第二节的案例 1、第十章、第十二章实训 5、实训 6 由刘玉艳编写，第四章第一节、第四章第二节案例 1、第九章第二节案例 2 由伍敏华编写，第五章第一节、第五章第二节案例 1、第七章第二节案例 2 由雷绍宇编写，第八章由高东菊编写，第六章第一节、第六章第二节案例 1~2 由张国君编写，第七章第一节、第九章第一节、第九章第二节案例 1 由刘振林编写，第十一章第一节、第十一章第二节案例 1、第十二章实训 1~4 由赵会芝编写，第五章第二节案例 3 由张锐编写，第十一章第二节案例 2 由郭明春编写，汪洋参与了部分插图的绘制工作，王建梅对全书的文字进行了编审。全书由刘玉艳统稿和编排格式。

　　"教学有法，教无定法"。希望这本书能够使读者了解、掌握具体教学法的内涵，并能应用于园林专业乃至相关专业的教学之中。

　　由于编者水平有限，不妥和错误之处恳请读者批评指正。

编　者

2016 年 2 月

目　　录

丛书序

前言

第一章　园林专业教育现状和发展需求 ……………………………………… 1
　　第一节　园林专业人才需求分析 …………………………………………… 1
　　第二节　园林专业教育现状及发展趋势 …………………………………… 3

第二章　园林专业教育教学方法运用及其相关要素 ………………………… 9
　　第一节　园林专业教学过程及相关要素 …………………………………… 9
　　第二节　园林专业职业教育的教学目标 ………………………………… 12
　　第三节　园林专业职业教育课程的本质特征 …………………………… 14
　　第四节　职业教育教学的媒体和环境 …………………………………… 16
　　第五节　职业教育教学方法的应用 ……………………………………… 20

第三章　园林专业课堂教学基本方法 ………………………………………… 23
　　第一节　讲授法 …………………………………………………………… 23
　　第二节　谈话法 …………………………………………………………… 28
　　第三节　讨论法 …………………………………………………………… 31
　　第四节　演示法 …………………………………………………………… 33

第四章　案例教学法 …………………………………………………………… 36
　　第一节　案例教学法介绍 ………………………………………………… 36
　　第二节　案例教学法应用 ………………………………………………… 42

第五章　项目教学法 …………………………………………………………… 56
　　第一节　项目教学法介绍 ………………………………………………… 56
　　第二节　项目教学法应用 ………………………………………………… 62

第六章　实验教学法 …………………………………………………………… 70
　　第一节　实验教学法介绍 ………………………………………………… 70
　　第二节　实验教学法应用 ………………………………………………… 75

第七章　现场教学法 …………………………………………………………… 86
　　第一节　现场教学法介绍 ………………………………………………… 86

第二节　现场教学法应用 ……………………………………………………… 90

第八章　四阶段教学法 …………………………………………………………… 94
第一节　四阶段教学法的介绍 ………………………………………………… 94
第二节　四阶段教学法应用 ………………………………………………… 100

第九章　头脑风暴法 ……………………………………………………………… 103
第一节　头脑风暴教学法介绍 ……………………………………………… 103
第二节　头脑风暴法应用 …………………………………………………… 108

第十章　调查教学法 ……………………………………………………………… 116
第一节　调查法介绍 ………………………………………………………… 116
第二节　调查教学法应用 …………………………………………………… 121

第十一章　任务驱动教学法 ……………………………………………………… 129
第一节　任务驱动教学法介绍 ……………………………………………… 129
第二节　任务驱动教学法应用 ……………………………………………… 133

第十二章　园林专业教学技能实训 ……………………………………………… 139
实训1　园林专业教学设计 ………………………………………………… 139
实训2　园林专业多媒体教学课件设计 …………………………………… 143
实训3　案例教学法在园林专业教学中的应用 …………………………… 146
实训4　任务驱动教学法在园林专业教学中的应用 ……………………… 149
实训5　四阶段教学法在园林专业教学中的应用 ………………………… 151
实训6　项目教学法在园林专业教学中的应用 …………………………… 155

主要参考文献 ……………………………………………………………………… 160

第一章　园林专业教育现状和发展需求

【摘要】随着社会经济的发展，人们对环境的要求越来越高。同时随着科技的进步和人口数量的增多，人类对环境、自然的破坏也越来越严重。因此以城镇绿化美化、生态环境改善为目的的园林行业方兴未艾，成为 20 世纪以来的朝阳产业，随之带来园林专业和学科的发展。本章针对我国园林行业的人才需求现状，分析了我国园林教育的现状和未来发展趋势，为园林专业的教育提供参考依据。

第一节　园林专业人才需求分析

【学习目标】了解园林行业对各级各类人才的需求特征，为园林专业人才培养的目标制定提供依据。

1　园林行业适应社会发展的需要

1.1　中国经济持续平稳快速增长　　中国经济从改革开放几十年来快速增长，经济社会发展进入一个新的关键阶段，居民生活水平不断提高，社会需求趋于多样化，消费结构加快升级，人们更加追求生活内容的丰富及质量的提高、生活环境的改善。经济社会的平稳、快速的发展，为园林行业和学科的发展打下坚实的基础。

1.2　对生态环境的日益重视　　随着科技的进步和全球人口的增长，人类改造自然的能力迅速提高，破坏自然的范围也日益扩大，导致广大地域水土流失，灾害增多，气候反常，生物物种减少，生态环境趋于恶化，甚至威胁到人类的生存环境。人们认识到在整个地球范围内协调"人与自然"关系的重要性与迫切性。2003 年中央提出要统筹城乡发展、区域发展、经济社会发展、人与自然和谐发展、国内外发展和对外开放的"五个统筹"的科学发展观。21 世纪，可持续发展已经成为全人类的共识，气候变暖、能源紧缺、环境危机是人类面对的共同挑战。科学发展、生态文明、和谐社会已经成为中国可持续发展的基本策略，经济稳定增长和快速城市化仍将持续很长时间。2015 年中央相关部门开展"海绵城市建设"试点项目，城市建设要以城市建筑、小区、道路、绿地与广场等建设为载体，在适应环境变化和应对自然灾害等方面具有良好的调节能力。由于园林行业和学科以协调人与自然关系为根本使命，以保护和营造高品质的空间景观环境为基本任务，因此它的发展前景不可限量，也与"十八大"建设美丽中国、生态中国的设想高度契合。

1.3　城市化进入快速期　　1980 年我国城镇人口占全国总人口的 19.39%，截至 2013 年年底，全国城镇人口的比重已经上升到 53.73%，城镇人口达到 7 亿以上。按照国家全面建设小康社会的发展规划，据估算，我国未来城镇化水平年均增长约 1 个百分点，2020 年的城镇化水平将达到 57%，城镇总人口约 8.40 亿。如果仅按我国城市规划定额指标规定，城市公共绿地人均达 $7m^2$ 的话，就需要增加公共绿地 14 亿 m^2，因此园林行业的需求量和工作量非常巨大。

1.4　大量住房建设对园林的需求　　随着经济的发展，人们对改善居住条件有着极大的需求，2001 年以来，每年建设住宅的建筑面积都在 6 亿 m^2 以上。在解决了住房的有无问题之后人们对住房的需求更加着重于对居住环境的选择，以国家标准《城市居住区规划设计规范》中规定的居住小区绿地率不低于 30% 来计算，每年至少有 12 000 hm^2 的居住区用地需要绿化美化。

1.5　适应国家新农村建设的需要　　园林产业是农林产业中劳动密集型、技术密集型产业，是吸收农村剩余劳动力、增加农民收入、调整农业产业结构的主导性产业之一，同时园林绿化是保护农业生态环境、实现农业可持续发展的重要途径。园林的特性决定了其具有生态效益和物质生产的双重功能，在新农村建设中既是主导产业，又在美化新农村环境、增加农业综合发展能力方面发挥重要作用。

从社会发展来看，园林行业发展前景广阔，由此带来对人才的大量需求。

2　园林学科发展需要大量、综合性人才

园林学科的发展随着社会的发展也不断发展，现代园林学科已由原来传统造园学发展为现在的集造园、城市绿地系统、大地景物规划等多层面的综合学科。进入 21 世纪，园林行业的工作领域将继续扩展到水系、湿地、高速公路、人居环境、矿区修复等地点和领域的风景园林规划设计。为适应学科发展需要，国务院学位委员会于 2011 年 3 月对学科目录进行调整，将风景园林学新增为工学门类下的一级学科，成为与建筑学、城市规划并列的学科。由于学科的发展，园林行业岗位需求领域也大大拓宽，致使对人才的需求也不断增加。

3　园林行业市场人才需求

目前我国园林事业第一线的从业人员有 500 多万人，其中接受过高等教育的约占 3.5%。同时现阶段园林行业从业者特别是技术人员水平良莠不齐，兼职和跨行业技术人员占 40%；本专业（中专或普通大专、本科毕业）真正接受过专业训练的人员占 30%；而擅长苗木养护、工程管理和预算、规划的岗位型技术人才仅占 10%。人才仍处于供不应求状态。

园林企业对人才需求是多层次的，初级、高级技工、园林工程师在园林企业中都必不可少，他们负责着园林工程项目的不同环节与不同的工作。按照常规的要求，一个园林工程师需要 4 个技术人员为其服务才是合理的比例，然而在我国的当前形势下，大多数的园林工程师既承担了工程师的职责，又扮演了技术员的角色，这从另一个角度上反映了对于高级人才的浪费。而从相关资料的统计中可以看出，我国园林行业的人才分布中初级技工占了 60% 的比例，而中高级技工的总和只占了 40%，导致很多园林工程项目对于中高级技术人才的急缺。

据调查，社会对园林专业人才的需求总的趋势是高级园林人才需求较少，中

低层次人才需求较大，特别是中专、大专层次需求量最大，呈金字塔分布状。各层次需求比例为硕士、博士 4.14%，本科 26.52%，高职专科 32.87%，中专中职 36.47%。不同的人才层次决定了不同的工作性质，大中专生主要从事园林植物生产、销售、园林工程的养护，完成园林建设中的基础性工作。本科生多是从事中小型园林绿化设计、园林施工方面的工作，而研究生则从事大中型园林项目的设计与施工管理。

园林行业产业化程度较高。经过 30 年的快速发展，园林行业已经形成园林植物繁育生产、营销、园林工程、绿化养护、市场交易、教育科研的产业链。产业链条各个环节均需要各类园林专业人才。

随着国家城镇化步伐的加快，市政园林工程行业能至少保持未来 10～20 年快速增长期，因此较长时间需要园林工程、苗木繁育、养护管理、园林设计等方面技术人才；预计在未来 10～20 年，园林养护行业和家庭园艺行业兴起，年产值可达 1152 亿元，这个行业需要市政绿地养护、庭院设计、庭院美化建造、园林植物繁育生产、后期养护等方面人才；园林行业未来会进入保护与建设并举；环境的恶化、工业化带来的土壤污染使土壤修复成为园林行业向外拓展的领域，而植物修复技术则是人才需求的另一方面；商业空间绿化是未来园林行业建设空间缩小后的城市主要绿化目标，屋顶花园设计与施工、养护与管理则是未来城市立体美化的重要内容；随着城市化进程的加快及未来农村人口数量的减少，部分不宜农业生产的闲置土地及部分生态敏感区域的规划、建设将是未来园林行业将要拓展的另一领域；而农村环境的美化与建设既符合国家的建设蓝图，也为园林行业的发展提供了更多的机遇。

第二节　园林专业教育现状及发展趋势

【学习目标】了解园林专业教育的现状和存在的问题，能够根据园林行业发展趋势针对性地制定人才培养目标及课程学习目标。

1　园林专业的早期发展

中国园林高等教育起步于 20 世纪 30 年代，在当时的几所高校均设有观赏园艺和造园的课程，课程性质上更接近于园艺学，与国际上刚刚兴起的风景园林学科有着一定程度的差别。我国的第一个真正意义上的园林教育体系是由吴良镛、汪菊渊先生提出并在梁思成先生的支持下通过了高等教育部门的审核，在 1951 年成立的由北京农业大学（现中国农业大学）园艺系和清华大学建筑系组建的"造园组"，并在之后的学科调整中调整到当时的北京林学院（现北京林业大学）。经过后期的不断发展，园林专业逐渐发展成为 2 个方向，即以规划设计为主的方向和以植物为主的园林植物方向，后逐渐发展成为 2 个不同的学科。经过一段时间的发展之后，我国在 2006 年参加全国园林专业教育会议的大学就多达 104 所，在数量上远远超过了世界上的其他国家。

2　我国园林专业教育现状

2.1　总体情况　　据统计，我国现有近200所院校设有园林专业，以本科专业教育为主，大多设立在理工、农林、艺术等院校，虽然各高校课程设置各有侧重，但课程体系基本一致，即以"观赏植物学""园林建筑设计""园林规划设计""园林工程"为核心的专业课程。几十年来尤其近年来各院校对园林专业的课程体系建设、人才培养模式、教学方法等做了有益的尝试和探讨，这对提高学生的综合能力、更好适应人才市场的需求开辟了新的思路。

2.2　开设园林专业学校的师资情况　　本书作者2014年对全国不同地区的60所开设园林专业的本科、高职、中职学校的师资情况做了调查，总体情况如下。

2.2.1　现有师资总体情况　　各类学校园林专业教师年龄结构相对合理，以30～50岁人员较多，从教年龄5～10年占一半左右。但是职称结构不尽合理，80%教师为中级及以下职称。普通高校教师学历相对较高，以硕士为主；高职高专院校以学士为主；中职也以学士学位为主，但有15%左右的本科以下学历教师，极少数学校有硕士学位教师。从教师数量来看，本科院校、高职高专院校基本能满足教学要求及国家师生比要求，中职院校教师数量偏少。

　　三类院校中多数学校园林专业高级职称教师在20%以下，20%～60%为中级职称。80%教师年龄在30～50岁，教龄在5～10年教师占20%～60%。

2.2.2　教师毕业院校性质及从教经历　　由于三类院校性质、定位的差异，专业教师能力要求也各不相同，因此用人单位对其毕业学校类别要求也有差异。中等职业学校园林专业教师43%毕业于职业师范院校，其他毕业于普通师范院校或普通非师范院校；而高职高专、普通本科院校更多教师毕业于普通本科院校，所占比例分别为67%、79%。

　　三类院校中专业教师毕业后直接从教比例最高的为普通本科院校，为79%；其次为高职高专，67%；中等职业学校教师中在企业工作或在事业单位工作而后转为教师的共占42%。

　　专业教师中中等职业学校有28%的教师为其他专业毕业转为园林专业从教，高职高专院校本专业教师从教比例最高为50%，39%相近专业转行；本科院校本专业从教比例为37%，68%的教师为相近专业转教园林专业。由此看来，目前各院校园林专业教师由于受原专业学科体系影响从而影响学生能力全面培养是一个普遍现象，而这个不利影响程度最大的是中职学校。

2.2.3　园林专业教师从师能力　　调查的三类学校中，从教师资格证书、从师理论与技能学习方面看，中职学校教师要好于另两类学校。高职、本科院校15%～20%的教师没有教师资格证，11%的教师没有参加普通话测试。但从教学方式、方法看，中职学校教师比较单一、传统，本科院校教师绝大多数采用多媒体教学方式。但多数院校教师授课采用讲授法为主，较少采用案例教学法、项目教学法、实验教学法等现代教学方法。

3　园林专业教育存在的主要问题

3.1　对于园林专业内涵的理解不明确且课程设置范围过广，培养目标不明确　　在国外，景观园林设计称为 LA（Landscape Architecture），然而在我国，"LA"有着多种含义，园林、风景园林、景观建筑都可以用其表示，这就导致了内涵上的混淆。由于很多院校对于专业内涵理解得不准确，导致了很多学生对自己就业的方向产生了怀疑。而且由于各专业的分工不明确导致了学科的分布范围过广，教学内容过于繁杂，很多学校将不适合本专业的课程如大杂烩一般不经筛选全部教授给学生，学生对于专业知识的学习也是广而不精。

园林专业是一门涉及面较广、交叉性强的专业，没有人能够在校期间就把所有的专业内容都全面理解透彻，园林的创作手法、设计技巧和植物的应用搭配都不是一蹴而就的，都需要知识的长时间沉淀和积累，这些要求都不是在校三四年期间所能够达到的，更何况随着时代的发展，学科的相关理论也会与时俱进，在原有基础上进行不断地更新，这就无形中增加了学生在学习中的压力。

另外不同层次的学校定位不准确也使各学校办学没有特色，开设课程几乎相同，也使学生培养的岗位能力不到位。

3.2　专业教育框架体系不统一　　有关专家指出，目前园林专业还没有形成一个完整的、统一的专业教育框架体系，要么是匆匆上马的院校由于自身力量和教学资源的欠缺导致课程教学深度广度不够，要么是各院校缺乏自己的办学特色，盲目跟随。致使毕业生实际工作能力差、知识体系没有特色。

3.3　课程体系不完善，实践环节薄弱，教学方法陈旧　　在园林专业教学中，因受到传统理论体系和规范营造模式的束缚，常产生重理论与艺术，轻设计与实践的现象。很多学校以学校方面对于园林学科的主观理解或优势师资、教学资源来设置课程，对园林专业本身的核心课程没有足够的重视，而开设的相关课程过多。课程安排偏重于课堂教学和书本授课，大大压缩了学生实践的时间，导致学生把在校期间所学习的理论应用到现实社会中的能力较差。同时，专业基础课、专业课、实践课三者之间衔接不尽合理，易导致学生出现理论与实践脱节、动手与创新能力差的问题。由于许多院校对于开设园林专业的盲目跟风，导致其课程设置不规范，教学内容过于陈旧古板，教学手段过于单调，缺乏配套的实践环节。很多院校仍然沿用以教师为中心、以课本为中心、以黑板为中心的传统教学方法，远远不能适应现代园林专业教育，更不适应职业教育的特点。由于实践方面的缺失导致了学生缺乏协调、合作、表达、对于理论的实际应用能力。

3.4　教师能力水平的限制，教育的职业性不够　　目前我国各层次院校教师学历层次达标率较高，但实践能力不足，教学方法及教育技术等专业知识、能力不足，直接影响了人才培养的质量。更多的教师从校门走进校门，没有企业实践经历，同时没有经过教师能力的专门培养，对教学方法、教学组织等没有专业的知识，影响了教学效果。另外园林专业教学中，限于教师能力和教学资源的不足，课程安排偏重于课堂教学和书本授课，专业设计和工程实践课时明显不足，或者实践内容不能与行业岗位对接，使学生理论与实践脱节、动手与创新能力差。传统的教学方法以教师为中心，以课本为中心，填鸭式的、单向封闭的教学方式已不能完全适应新的教学要求。

4　园林专业教育发展的趋势

4.1　体现园林专业教育的职业性　　不同层次的学校教育目标定位不同，但是无论是大学本科，还是高职高专、中职学校其教育的本质均是使学生学习与职业接轨的基本知识与技能，即园林教育的职业性。要想在专业领域出类拔萃，需要进一步学习和实践。园林专业的职业教育就是以培养专业的从业人员为主要目的，根据职业的需求设立一整套教育系统，包括培养计划、课程体系、培养模式、教学条件、师资力量等。

园林专业实践性很强，社会对实用型人才的现实需求需要园林专业的教育要面向职业岗位。

4.2　完善园林专业教育体系

4.2.1　明确培养目标及学校定位　　不同层次的学校园林专业的培养目标基本一致，但定位不同。一直以来，我国的园林专业的称谓比较混乱，学科定位模糊，培养目标不明确。建筑类院校、艺术类院校、农林类院校开设的园林专业侧重点各不相同，工科院校侧重建筑、城市规划和园林工程，艺术类院校侧重视觉感受，农林院校侧重园林植物园林绿化。在统一专业名称的前提下，定位专业学科内核，制定园林专业基本的标准，在此基础上根据各高校自身特点扩大自选课程的范围。这不仅能保证"标准"的统一实施，突出不同院校的特色，同时也能培养学生的兴趣爱好，充分发挥学生的创造性。

4.2.2　统一制定核心课程标准　　基于上述的原因，有必要制定专业核心课程，包括自然科学、工程技术、人文科学的内容，主要涉及园林植物、园林工程设计、人文艺术三大方面 LA 经典知识的课程，来明确专业教育人才培养的基本规格。在此基础上，各院校根据所在区域、城市、本校优势背景、学校总体办学思路和定位等各方面条件确定自身的特色而开设课程。这样一方面保证园林专业的核心知识能力的统一要求，另一方面有充分发挥的余地，创建各个院校的办学特色。

4.2.3　优化课程体系，构建多元的教学内容　　目前，我国各院校园林专业课程设置尚无统一的标准，各自为政，有的差距甚远，更谈不上统一的教材。总体而言教学内容相对狭隘，课程设置多以传统园林学为重点，与之对应的课程有园林史、园林植物、园林建筑、园林规划设计、园林工程等。这些课程主要研究园林的各组成要素及其相互间的关系与作用，是学科的基础内容，缺乏开放性，易造成知识面狭窄及设计观念、手法落后，禁锢学生的思维和创新能力，难以适应现代社会发展。

园林专业应是动态、变化的、与时俱进的专业。随着人类社会从农耕文明到工业文明再到后工业文明的发展，现代园林的内容获得了极大的扩展，包括传统园林学、城市园林绿化、大地景观规划 3 个从微观到中观至宏观循序渐进的层次，使园林学科的系统更加完善，更具开放性和综合性。因此课程设置除了传统的园林相关内容外，还要加强上述层次相关领域课程的教学工作。同时注意 3 个层次课程间的关系，使学生既能把握学科的整体体系，又能领会各层次的研究重点。

园林专业实践性强，学科交叉，具有相当的综合性和边缘性，课程内容十分繁杂。在保证园林专业核心内容和文、理、工、农融合的基础上，还应构建以下教学内容：历史方面（艺术史、建筑史、园林史）、植物方面（树木学、花卉学、草坪学、苗圃学）、生态方面（园林生态、城市生态、景观生态、人类生态）、环境方面（环境社会学、环境行为学、环境心理学）、大地景观和地理（自然山水学、地质地貌学、土壤学、城市地理学、人文地理学）、城市方面（城市规划、城市学、城市社会学）、对资源的合理利用与保护（生物多样性保护）。另外还有足够的实践环节，参与城市景观、城市绿地、自然地貌、自然生态环境的调查和园林项目的实施。

4.2.4　改革教学模式，充分利用现代教育技术和手段　　无论是课程教学还是培养方案的整个学程安排，传统的教学模式往往是先理论后实践，理论教学为主兼有比重较小的实践环节，而实践环节各学校还要根据学校基地情况、实验实习场地情况选择性地安排，即使毕业实习环节，也不是根据教学计划有计划地管理、指导、实施，而是学生到各类企业进行企业安排的相应单一的岗位进行实践。因此，目前园林专业毕业生走向工作岗位仍是"实习生"，实践能力薄弱，需要企业"继续培养"。

提高学生的实践能力一方面改革培养模式，在培养方案制订时增加实践学时，同时实现工学交替，使学生能够边学习边实践，知识、技能同时提高。另一方面改革教学内容，课程内容的选择以行动体系为主，即遵循情境性原则，以过程性知识为主，课程解决"怎么做"和"怎么做更好"的问题，这也是理实一体化的体现，是培养应用型人才的主要途径。学生在获取经验的同时，获取陈述性知识即理论知识。第三方面是教学方法的改革，改变以教师为中心的教学方法。随着园林学科专业内容的不断扩展与更新，传统教学方法的单一应用已经不能适应现代园林教育教学的要求，教学方法变得越来越现代化和多样化。行动导向的教学法以学生为中心，改变了"填鸭式的"被动学习模式，使学生在学习中能够充分发挥主观能动性，提高对专业的兴趣，将理论知识应用于实践，锻炼团结协作、与人沟通能力。其中"案例教学法""项目教学法""任务驱动法""实验教学法"等非常适于园林专业的课程教学或实践训练。第四方面是教学方式的改变，即应用现代教育技术，利用多媒体、网络课程提高教学效率。

4.2.5　建立完善园林教学评价体系　　通过建立人才培养质量评价指标体系，使人才培养活动产生的大量原始信息规范化、条理化，便于学校抓住主要矛盾，及时发现问题，有效地检查人才培养体系的执行情况，更准确地进行人才培养的决策与质量控制，不断规范学校的教育教学行为，进而提高人才培养的质量。通过评价指标体系可以比较不同高校的人才培养质量，从比较中找出差距和薄弱环节，找出敏感性因素，调控学校的人才培养活动。利用人才培养质量评价指标体系，引导学校贯彻可持续发展的思想，找准标杆，推动学校创新人才培养模式，完善自身发展规划，实现可持续发展。全面、合理的指标体系是保证评价结果全面性和客观性的关键所在，从而对人才培养质量进行监控和反馈，以改进决策，促进人才培养质量进一步提高。

另外，专业教学应着眼于学生未来的发展，而不是只顾当前。从长远看，应考查学生多年后专业层面的发展或成才状况才更具说服力。学生的主要工作岗位在园林公司、园林企业、园林事业等部门，他们从生产一线做起，逐渐发展成为园林管理型、技术指导型、改进创新型人才，这才是他们的发展之道。从技术员、设计员、工程管理人员发展成为工程师、设计师、部门负责人等，或自主创业，这些都需学生具有持续发展能力，一方面需要在校期间教学内容要有前瞻性，另一方面学生的综合素质培养显得尤为重要。

4.3　加强师资队伍建设

4.3.1　加强在岗教师的培训培养工作　　针对各类学校现有师资情况，有针对性地对现任专业教师进行培训非常必要，尤其是非园林专业毕业和非师范院校毕业的教师需要针对园林学科主干课程的理论、技能进行培训，针对教学能力、方法进行培训，对解决现有师资就近转行、教学方式方法不能适应专业需要造成的问题可以得到一定程度的解决。

4.3.2　"行业实践"制度化　　受现行教育现状、编制的影响，教师到企业实践的机会较少，而人才培养和岗位能力的需要均要求专业教师必须具有过硬的专业实践能力，并且与时俱进。从事园林专业教师岗位的人员每年须有一定时间到企业实践，可以以指导学生实践的方式参加，教学单位制度化要求。这样可以使从教人员在工作中不断充实补充自己的实践能力，了解行业需求及技术前沿，使教学内容能够符合学生就业岗位要求，实现人才培养目标。

　　虽然从目前来看我国高等院校的整体教学水平不高，但同时也说明了园林专业教育有着很大的潜力和发展前景，加之当前的园林行业市场发展火热，企业对于高水平人才的需求也促进了学校教学质量的提升。各院校合作交流的加深，势必会带动我国园林专业教育的整体水平，并将其发展到一个新的高度。

第二章 园林专业教育教学方法运用及其相关要素

【摘要】针对园林专业和行业特点，了解园林专业的教学规律和学习目标，运用一定的教学媒体，选择适宜的、适合园林专业职业教育的教学方法是园林专业教育工作者的基本素质。

第一节 园林专业教学过程及相关要素

【学习目标】掌握园林专业教学过程的本质、基本规律，了解园林教学过程中的要素。

园林专业的教学方法在教学过程中得以体现，受到教学要素的作用和影响，所以说认识在教育过程中各个要素的特性并加以理解和掌握，对教师在园林专业实际教学过程中教学方法的应用有着重要的意义。

1 园林专业教学过程及其本质

园林专业的教学过程是由教师根据园林专业实际的教学任务和本专业学生的发展方向，对学生进行目的性的指导，使其合理的、有计划地系统掌握园林专业相关的理论知识和实践技能，使学生的智力体力得到全面的发展。

教学过程的实质是一种特殊的认识活动，是一种促进学生身心得到发展的特殊认识过程。

对于园林专业来说，教学过程是由教师和学生组成的双向活动，由教师的教来带动学生的学，两者的出发点不同却具有相同的意义，都是为了帮助学生获取园林相关专业知识，提升学生的职业技能。整个教学过程由教师起主导作用，带动学生发挥其自觉能动性，来达到知识的获取，完成教学任务。

园林专业的教学过程作为一种认知形式，具有以下的本质特征。

（1）认识的间接性 园林专业学生学习的内容都是间接知识，在教学过程中，园林专业的学生的认识对象主要为教材和教师间接传授的经验，这些都是由教育机构通过筛选提炼出来的基本知识，是前人总结出来的成果。

（2）认识的交往性 交往是人与人之间基本的联系方式，也是个人和个人、个人与群体、群体之间的纽带。教学过程从本质上可以看作是教师与学生的一种特殊的联系方式，只有在教师与学生的交往中，学生才能得到知识的补充与技能的提升，才能使自身得到充分的发展。

（3）认识的教育性 赫尔巴特认为，教育的目的是对人的道德进行培养，是形成人的品德的基本途径。他主张把知识涵养和人格的成长统一在教学过程之中。教学认识的教育性表现在教学过程所传授的知识在被学生获得的同时，也对学生的世界观、人生观、价值观产生了一定的影响。教学过程的组织、教学方法的应用和教师自身的一些思想、观念、行为都会对学生的发展产生影响。

（4）认识的指导性　　教学过程中学生对于知识的接受和事物的认识都是在教师的指导下进行的，例如，园林专业教师为学生讲解植物的观赏特性、景观的规划。教师是学生和教材及课程之间的链接纽带，教师的存在为学生对于知识的理解和吸收提供了效率和质量上的保障。

2　园林专业教学过程的基本规律

教学规律是指教学现象中客观存在的必然性、稳定性、普遍性联系，对教学活动有着制约、指导的作用。教学过程中各因素的相互作用形成了教学过程的基本规律。

2.1　直接经验和间接经验相结合　　在园林教学过程中，学生对于知识的接收和理解有直接经验和间接经验两个来源。直接经验是由学生在对事物的探索中，通过自身的体验、感悟所总结出来的，例如，学生对园林植物进行栽培管理，在栽培过程中他对于植物的水肥控制有了自己的方法，这就是一种直接经验。而间接经验是由前人积累总结，人类社会历史进程逐步积累起来的经验，就是教学过程中教师传授给学生的教师自身总结的或是书本上的经验，如讲授球根花卉生产时教师告知学生"唐菖蒲切花生产时需要在三叶期追施一次肥料"，这就是前人的经验，是间接经验。直接经验与间接经验的结合，会丰富学生对于理论与实践的认识。

在园林专业的教学过程中，学生以学习间接经验为主。这点主要体现在学生的学习内容上，园林专业学生学习的内容都是经过精心筛选的前人总结或社会积累的经验，这些经验可以使学生在较短的时间内对园林专业有大体的认识并掌握必要的相关知识，同时也使学生不必重复前路，在新的起点上对园林领域作出探索研究。然而教学过程同样离不开学生对于直接经验的积累，因为间接经验的获得是建立在直接经验积累的基础之上。园林专业是一门注重理论与实践相结合的专业，若要理论得到很好地消化和吸收，就必须要建立在实践的基础之上，也是学生获得直接经验的重要途径。

2.2　掌握知识和发展智力的统一　　知识的掌握可以促进学生智力的开发，而智力的开发又可以让学生拥有更好的掌握知识的能力，二者统一于教学过程中。所以现代教学论认为，教学不仅使学生掌握了知识技能，而且也开发了学生的智力和能力。

在园林专业教学过程中，掌握相关的园林专业知识可以更好地发展学生的专业能力，提升自身专业素质。对于园林专业的学生来说，知识的学习过程势必伴随着对于知识的认识、思考、判断，这就锻炼了学生的动脑能力，从一定程度上开发了学生的智力。而智力的发展又为学生掌握知识提供了条件，它能提升学生学习园林专业知识的效率和质量，同时也能够更好地指导学生进行实践。然而知识并不等于智力，知识水平的高低也不能代表智力的高低，二者之间有着特殊的联系。要促进学生知识和智力的相互转化就要注意以下几点：第一，传授给学生的知识需具有规律性，而不是杂乱无章、毫无联系的，掌握知识的规律性有助于启发学生的自主学习能力。第二，科学地对教学过程进行组织，启发学生独立思考，培养学生发现问题解决问题的能力，鼓励学生的探究新方法、提出新观点。第三，注重对于学生实践能力的培养，提高学生的园林岗位实际操作水平，培养其执行能力、行动能力。第四，培养学生的良好个人品质，重视学生个体的差异。

2.3　教与学的统一　　园林专业教学过程中，教师与学生组成的是教与学的双边活动，而不是单纯的教师的教或者学生的学。处理好教与学的关系一直是教育史上的重要问题。我国的传统教育往往把教学关系看作是教师把知识向学生的单向传导，总是过于强调教师在教学中的地位，而把学生作为被动的知识接受者，这种关系很不利于学生对于知识的接收。

在教学过程中，学生是学习的主体，其发挥自觉能动作用，学生主动地对所学知识进行选择，教师在教学过程中处于组织引导的地位，学生的主体地位是在教师的引导下确立的，教师负责学生的学习内容、方向、结构、质量，对学生的学习起引导、规范作用。因此发挥教师在教学过程中的主导地位是必要的。

3　园林专业教学过程的基本模式和结构

3.1　教学过程的基本模式　　园林专业的教学过程中，按照学生对于知识的接收方式可分为两种教学模式：接受式和探究式。接受式学习是由教师运用语言表达能力呈现园林专业相关信息、学生接收信息的过程。探究式学习是借助实际材料，由教师引导，学生进行实际的操作和思考来获取知识，这种方式可以提高学生的自主解决问题能力和创造力。如园林植物扦插时利用激素促进生根的知识，就可以在教师指导下，学生设计实验方案，观察与调查不同的激素、不同的浓度或处理方式对某种园林植物扦插生根的影响，从而使学生通过查阅资料、设计方案、扦插实施、结果调查与分析获取扦插繁殖的技能和激素对生根的影响的具象的知识。

3.2　园林专业教学过程的结构　　教学过程的结构指教学进程的基本阶段。按照教师组织教学活动中所要求实现的不同认识任务，划分出教学过程中学生认识的不同阶段。

（1）引发学生学习动机　　在园林教学中，教师可以通过各种手段提升学生的学习兴趣，如园林植物的识别、历史名园的鉴赏都会增强学生对于园林专业知识的学习欲望。同时教师要使学生明确学习目的，启发学生的责任感，激发学生学习的积极性。

（2）领会知识　　知识的领会首先要通过教师的引导使学生形成清晰的表象和鲜明的观点，为理解抽象概念提供感性经验。其次，学生在此基础之上，才能更好地理解教材，形成科学概念。

（3）巩固知识　　在学习过程中及时进行复习，对知识进行巩固加深。

（4）运用知识　　园林专业学生学习知识的目的就是为了将其应用在以后的园林工作实践当中，教师应多组织实践活动来加深学生对于知识的运用能力，锻炼其专业技能，提升专业素质，将知识转化为能力。

（5）检查知识　　对于园林专业知识的定期检查有利于教师及时了解教学情况和学生的学习状况，对教学进程和要求及时地进行调整，帮助学生了解其自身的知识掌握程度和专业水平并及时作出学习方式、学习方法的调整，提高学习效率。

4　园林教学过程中的要素

教学过程的要素包括教师、学生、学习目标、教学内容、教学方法、教学媒体等。这些要素由教学方法串联起来，作用于教学环境中，并受到教育目标和价值观的制约。在教学中，教师需要考虑"面对怎样的学生""为了什么学习目标""运用什么教学方法""需要什么教学媒体""怎样实施"等问题。应用的教学方法要和这些相关联的教学要素结合起来。

第二节　园林专业职业教育的教学目标

【学习目标】掌握园林专业教学目标的内容和功能。

教学目标是教学方法选择和应用的依据。园林专业职业教育的教学目标决定着要培养什么样的园林专业人才，怎样对这些人才进行培养，培养他们什么样的专业能力。

1　园林专业教育和教学目标概述

1.1　园林专业职业教育的目标系统　　园林专业职业教育的第一级目标是教育目标。教育目标体现了社会和国家对培养人的方向性和指导性要求，体现在宪法、教育基本法及国家的教育方针中，它从一定程度上反映了社会的需求和国家的教育意志。

第二级目标是培养目标。培养目标是园林专业职业教育目标的具体化，就是教育目标的实际应用，是对园林专业人才的标准和规格的具体实施。我国园林专业本科的培养目标为：培养具备生态学、园林植物与观赏园艺、风景园林规划与设计等方面的知识，能在城市建设、园林、林业部门和花卉企业从事风景区、森林公园、城镇各类园林绿地的规划设计、施工、园林植物繁育栽培、养护及管理的高级工程技术人才。

第三级目标是园林专业的课程目标和教学目标。课程目标为预先确定的要求学生通过某门课程的学习所应达到的学习结果。它以科目的形式体现出来，是培养目标的分解。园林专业的课程目标是通过园林专业的各门课程对学生的不同方面作出培养所达到的效果。园林专业的教学目标是对于课程目标的具体实施，可以分为课程教学目标、单元教学目标、课时教学目标。教学目标是教师课堂教学具体操作的指南，与具体的教学过程密切相关。

1.2　教学目标的概念和功能　　教学目标是指教学活动实施的方向和预期达成的结果，是进行一切教学活动的出发点和最终目的。教学目标是师生通过教学活动达到的结果或标准。

教学目标具有以下几种功能：

（1）导向功能　　教学目标对教学过程起着引导作用，它能指导在园林专业的教学过程中教师教的方向与学生学习的目的，避免教学的盲目性。

（2）指导教学结果的测量与评价　　由于教学目标是对实际教学结果的预期，因此为教学过程和教学结束时对教学结果的测量和评价提供了依据。

（3）指导教学方法的选择与运用 教学方法是为教学目标服务的，因此教学目标指导着教学方法的选择和应用。

（4）指引激励学生的学习 明确教学目标可以激发学生对于园林专业知识的学习欲望，调动学生学习的积极性和主动性，激发学生主动学习。

2 综合能力的培养作为园林专业职业教育目标

园林专业的职业教育目的在满足社会对于园林专业人才需求的同时，也为人的发展提供了条件，园林专业职业教育不只是为了教会学生所必备的知识和技能，也发展了学生的综合能力和素质。在综合职业能力中，专业能力只是一部分，它还包括对人的职业和人生发展具有重要意义的跨专业能力。

2.1 关键能力 "关键能力"是对人生历程的各个方面和各个阶段都起着关键性作用的能力。这个概念是在 20 世纪 70 年代由德国教育界提出的，后被世界各国的教育界所接受。关键能力是不与专业知识、技能相关的一种能力，是一种可以胜任各种场合和职责、应对各种变化的能力。它具有普遍的适应性，不会因时代的进步而被淘汰。

关键能力概念的产生有着深刻的社会经济背景：

一是在劳动力市场上，社会的快速发展加快了知识技能的老化速度，使相关理论跟不上社会发展的需求，并造成了市场上劳动力流动和适应性的障碍。另一方面也造成了社会对于劳动力需求和教育界对于劳动力的培养之间的协调问题，使教育界培养的人才很难跟上社会发展的需要，这样的形势下就需要劳动者拥有不易淘汰能力的需求，如适应变化、自主学习的能力来更新知识，适应变化的职业要求的能力。

二是经济和技术的发展，尤其是市场的压力和计算机技术的产生及在经济领域的应用，使生产的劳动组织产生了巨大的改变。不可预知的市场变化及生产过程的多样性对传统的生产方式发出了挑战，这种变化引发的对于劳动者"关键能力"的要求。

2.2 职业行动能力和综合职业能力 德国学者雷茨认为关键能力理论的中心是人的行动能力，他认为人的行动能力由三方面内容构成，对应着 3 个范围。

（1）事物意义上的行动能力 即做事和智力成熟度。它对应着面向任务和产出的能力，如作出决定、解决问题、开发方案等，也就是针对事务的方法能力。

（2）社会意义上的行动能力 即交往和社会成熟度。它对应着面向社会的能力，如合作能力、解决冲突能力、协商能力等。

（3）价值意义上的行动能力 即个性和道德成熟度。它对应着人格特征的基本能力，如世界观、价值观、创新能力、学习自觉性等，可归纳为个性能力。

德国学者劳尔·恩斯特则倾向于把职业行动能力作为教育目标。职业行动能力指的是解决典型的职业问题和应对典型的职业情境，并综合应用有关知识技能的能力。为了能够综合运用有关的知识技能和能力，就需要通过职业教育获取跨专业的能力。他将这种跨专业的能力分为 3 个标准：

① 跨学科和专业知识的能力，如园林设计和植物、花卉生产与销售等；

② 方法和技术的能力，如专业技术、解决问题的方法等；

③ 与个性相关的能力，如创新能力、协作能力等。

从教学角度出发，以个性培养为中心的教学方法对于跨专业能力的发展具有重要的意义。职业教育不仅要培养学生的专业能力，也要注意培养学生的综合能力；不仅要为学生的当前学业状况考虑，还要为学生以后的人生规划考虑，所以职业教育的学习目标应注重学生综合能力的培养。

第三节　园林专业职业教育课程的本质特征

【学习目标】深刻理解园林专业职业教育课程的特点，即工作过程。

在园林专业学习的过程中，任何的知识、技能都是由课程来呈现的，教学过程中所讲的内容和运用的方法也不能离开课程而单独达成。园林专业职业教育的课程集中体现了职业教育作为一种教育类型的基本特征，它是园林专业职业教育培养园林专业人才的核心。深入地理解园林专业职业教育课程的本质对于教学方法的应用有着重要意义。

1　园林专业职业教育课程的本质特征——工作过程

园林专业职业教育的本质终究是指向专业还是职业？区分两者的关键在于前者属于知识领域，而后者则基于职业领域。

园林专业之所以成为一个独立的、特殊的专业，是因为它拥有着独特的知识系统，无论是在知识的结构还是教学系统和其他方面都有不同于其他专业的地方。虽然园林专业是一个独特的专业，但它也拥有着所有专业共有的普适性课程范式，也就是基于学科知识系统化的课程。

而相对于普通教育，职业教育的教学中，包含更多的是职业属性，而不是学术属性。因此，园林专业职业教育也可以看作是一种园林专业教育服务的"职业"。鉴于园林专业职业教育的这个特征，就需要为园林专业职业教育找一个与园林专业普通教育不同但专业知识系统化层次相同的课程范式。

"一个职业之所以能够成为一个职业，是因为它具有特殊的工作过程，即在工作的方式、内容、方法、组织以及工具的历史发展方面有它自身的独到之处"。工作过程是一个可以包含职业资格、工作任务和职业活动的系统。因为：第一，工作过程具有清晰的结构，每个工作过程都有明确的步骤与程序，具有很强的操作性；第二，工作过程是一个动态结构，时间的不同和职业的不同都有着不同的工作过程；第三，工作过程既是具体的又是抽象的，因为同样的人在完成一个具体工作时，尽管工作过程上会有或多或少的差异，但是思维过程的完整性却是相同的。从变化的工作过程中寻求不变的思维过程，能够使人更快更好地适应新的具体工作过程，这就是一种能力的转移。

2　工作过程系统化的园林专业职教课程

2.1　课程内容选择的标准　课程内容大致可分为两类：涉及事实、概念以及理解、原理的陈述性知识和涉及经验及策略方面的过程性知识。"事实与概念"回答了"是什么"方面的问题，"理解与原理"回答的是"为什么"的问题。"经验"强调要"怎么做"，策略则强调"怎样做更好"。

课程内容的选择需要遵循3个原则：科学性原则、情境性原则和人本性原则。

陈述性知识所遵循的是科学性原则，它是由专业知识构成并以逻辑结构为中心的学科体系，主要解决"是什么"和"为什么"方面的问题，是培养学科型人才的一条主要途径。它是以获得陈述性知识即理论知识为目的。

过程性知识是由实践情境构成并以过程逻辑为中心的行动体系，它遵循的是情境性原则，强调的是获取自我建构的隐性知识，即过程性知识，以最小的代价获取尽可能高效益的知识。主要解决"怎么做"和"怎么做更好"的问题，是培养应用型人才的主要途径，强调的是行动能力，是以获得过程性知识即经验为目标。

科学性原则与情境性原则在教学内容的选择中处于平等地位，两者在功能上互补，同属于客观性原则。而教育关注的是人一生的发展，职业教育的课程要坚持以人为本。所以，人本性原则在课程内容的选择中就处于最高层次。无论是通过科学性原则获得理论知识，还是通过过程性原则获取经验知识，都需要遵循人本性原则，才能转化为个体的能力。因为人必须在社会体系中生存和发展，将由科学性原则获取的理论知识和过程性原则获取的经验知识通过哲学工具——反思性思维将其内化，即一种与人才类型无关的"获取—内化—实践—反思—重新获取"的过程而形成的本领。所以能力在人格的培养中具有最高层次的概念。

因此，职业教育课程内容的选择需要在坚持人本性原则的前提下，以情境性原则为主并配以科学性原则为辅。职业教育内容的选择标准就是：以职业实践中实际应用的经验和策略学习为主，辅助以适度的概念和原理。

以园林专业课程园林花卉学为例，作为一门专业核心课程，该课程一方面需要学生掌握草本花卉的习性、观赏特性、应用方式，为以后的园林绿地植物配植奠定基础，另一方面还需要学生掌握花卉的繁育、花卉产品生产知识与技术。因此该课程内容的选择以各类花卉生产管理的工作过程为内容，传授花卉生产繁育知识与技术，同时安排花卉应用的设计、施工内容。以过程性知识为主，辅以适度的概念和原理。

2.2　课程内容序化的标准　　学科体系课程内容的编排是一种"平行结构"。这一体系按照学习过程中对于知识的理解由浅入深、由表及里进行了排序，但课程内容的排序却是按照具有庞大结构和严密逻辑的学科顺序进行编排的。对于课程内容的编排不仅要考虑专业学习宏观内容的编排，也要考虑微观内容的编排，即不仅要采取各门分科课程的平行展开方式，还要根据各分科课程的学科结构平行展开。这是一种生命的"机体"对知识序化过程的与对知识的无生命的"机械"序化过程的冲突，即学生自然的心理顺序与人为构建的非自然学科顺序的冲突。

所以，学科体系的课程内容结构割裂了陈述性知识与过程性知识、理论知识与实践知识、知识排序方式和知识的学习方式的联系，与职业教育的培养目标相违背。

行动体系课程内容的编排则是一种"串行结构"。是学习过程中学生认知的心理顺序与专业所对应的典型职业工作顺序，抑或是对实际的多个职业工作过程经过抽象的整合归纳后的职业工作顺序。这样就实现了实践技能和知识理论的结合，达到事半功倍的效果。这就是生命的"机体"对知识的序化过程与"机体"在工作过程中的行动实现了融合。

职业教育课程内容的序化，强调的是以工作过程为参考系整合陈述性知识与过程性知识。着眼于动态行动体系之中，整合实践知识与理论知识工作过程知识的生成与构建。

如插花艺术课程，传统的学科体系是按插花艺术发展历史、插花分类、插花的基本知识、插花创作安排课程内容，而按行动体系系统化课程内容的编排可以以插花的风格作为载体，分别进行西方插花艺术、东方插花艺术、现代插花艺术的创作，由简单到复杂，使学生在各风格插花创作与学习中，掌握插花创作的步骤、造型知识、各典型造型特征，通过完成插花创作的工作过程获取插花的职业能力。

2.3　工作过程系统化的职教课程　按照工作过程来序化知识，即以工作过程为参照系，将陈述性知识与过程性知识整合、理论知识与实践知识整合，意味着适度够用的陈述性知识总量没有变化，而这类知识在课程中的排序方式发生了变化。课程不再是静态的学科体系的显性理论知识的复制与再现，而是着眼于动态的行动体系的隐性知识的生成与构建。

工作过程的概念，是指个体"为完成一件工作任务并获得工作成果而进行的一个完整的工作程序""是一个综合的、时刻处于运动状态但结构相对固定的系统"。显而易见，工作过程系统化课程正是对课程本质——过程的回归。正是因为工作过程的差异，才出现了不同的职业领域。

如果说，学科知识系统化是以陈述性知识为主的普通教育课程内容序化的参照系，那么工作过程系统化则是以过程性知识为主的职业教育课程内容序化的参照系，以工作过程作为课程设计的参照系，更符合职业教育的特点。

第四节　职业教育教学的媒体和环境

【学习目标】了解教学媒体的选择依据，掌握适宜园林专业职业教育的媒体种类、特点及功能。

媒体是教学系统的一个重要组成部分，在教学中应用教学媒体可以优化教学过程和教学效果。作为当代各类学校教师，需要具备教学媒体的应用和开发能力，以提高教育教学的质量。了解教学媒体及通过教学媒体构建起来的教学环境，对教师的教学设计和教学方法的选择应用都有重要意义。

1　教学媒体概述

1.1　教学媒体的概念　教学媒体是指在教学过程或教学活动中，承载和传递教学信息的载体和工具。教学媒体作为教学内容的载体，是教学内容的表现形式，是师生间传递信息的工具。教学媒体包括传统教学媒体和现代教学媒体。传统教学媒体一般指黑板、挂图、模型、教科书等。现代教学媒体主要指电子媒体，包括硬件和软件两种形态。硬件指各种教学仪器设备，包括幻灯机、投影仪、录音机、电视机、摄像机、放像机、计算机、语言实验室、多媒体教室、网络教室、电子阅览室、数字图书馆、校园网等。软件指承载教学信息的载体，包括幻灯片、录音带、磁盘、光盘、多媒体课件、网络课程等。

当前，以计算机多媒体技术和网络通信技术为代表的信息技术在教育领域中的应用越来越广泛，现代教学媒体的运用在改变传统的教学模式、优化教学效果方面正发挥着越来越重要的作用。MOOC（massive open online courses）课程即大型开放式网络课程越来越多地应用于教学之中，该类课程整合了多种社交网络工具和多种形式的数字化资源，形成多元化的学习工具和丰富的课程资源；突破了传统课程时间、空间的限制，依托互联网，使世界各地的学习者在家即可学到国内外著名高校课程；突破了传统课程人数限制，能够满足大规模课程学习者学习。

1.2　媒体在教学中的作用　　媒体在教学过程中的应用能起到如下的作用。

（1）使教学信息的传递更加标准化　　教学媒体一般经过精心的教学设计，内容规范标准，使用教学媒体进行教学时，有利于教学活动的规范和标准化。

（2）使教学活动更加生动有趣　　通过教学媒体展示一些直观形象或创设氛围的多媒体信息，可以有效地引起学生的注意，激发学生的学习兴趣和学习动机，促使学生积极思考、主动参与，形成生动、有趣的教学环境。

（3）有利于提高教学质量和教学效率　　多媒体教学可以在较短的时间内，向学习者呈现和传递大量的信息。调动学生的各种感官进行学习，使学习者容易接受和理解，有利于提高教学质量和教学效率。

（4）使教师从繁重的劳动中解脱出来　　当学生直接通过教学媒体进行学习时，教师就有更多的机会根据学生的具体情况加强个别指导，做到因材施教，有助于教师改进教学方法和提高教学质量。

（5）为业余学习和终身教育提供了条件　　具有个别化学习功能的教学媒体为那些因种种原因不能在指定的时间和地点学习的人提供了更为有效的帮助，满足他们的个别学习需要，为业余学习和终身教育提供了条件。

1.3　媒体化教学环境　　为了达到优化教学的目的，将不同种类的教学媒体有机地组合在一起构成的教学环境即为媒体化教学环境。媒体化教学环境主要包括媒体化教室环境（如多媒体教室、语言实验室、微格教室）、网络教学环境（如网络教室、校园网、闭路电视网）、学习资源中心（如电子阅览室、数字图书馆）等。媒体化教学环境的创设对提高职业教育教学的质量和效率具有至关重要的作用。

2　教学媒体的选择

不同教学媒体具有不同的特性，各种媒体都有自己的优缺点和独特的内在规律，适应任何教学目标、教学内容、教学对象或教学策略的所谓"万能媒体"是不存在的。因此，在教学设计过程中，只有正确选择和使用教学媒体，才能达到优化教学效果的目的。

2.1 教学媒体选择的依据 选择教学媒体时要从教学的实际需要出发，根据教学内容、教学目标和教学对象的具体要求选择最有效的媒体硬件和软件，并充分考虑媒体的效益性。一般来说，教学媒体的选择应考虑以下一些因素。

（1）依据学习目标和教学内容选择 为达到不同的教学目标（如认知领域、动作技能领域等）常需要使用不同的媒体；不同教学内容（如原理、概念、静态现象、动态过程、运用规律、实验等）适用的教学媒体也会所区别。当媒体的运用与教学内容、学习目标相适应，并能够有机整合形成优化的教学结构时，教学媒体的助学效果会更好。

（2）依据教学对象选择 学习者的学习特性（如认知水平、认知模式等）也是确定表达教学信息的媒体类型及其运用形式的重要依据。比如，中职学校的学生一般感性认识强于理性认识，形象思维优于抽象思维，应选择适合他们特征的教学媒体（如图片、动画、视频影像等）进行教学。

（3）依据教学环境和条件选择 学校教学设施环境、媒体资源状况、师生技能、管理水平等也是选择教学媒体时须考虑的重要因素。

2.2 设计与选择教学媒体的原则 教学媒体的设计与选择受诸多因素的影响，其基本原则是要根据教学内容、教学目标和教学媒体对于促进完成教学目标、优化教学效果所起的作用来设计和选择媒体。具体来说应遵循以下原理。

（1）共同经验原理 教学过程中，教师通过媒体向学生传送与交换教育信息，但是要使双方能互相沟通思想，则必须把沟通建立在双方共同经验范围内。当甲与乙没有共同的直接经验时，可以通过媒体（如幻灯、投影、电视、计算机等）呈现事物的运动状态与规律，使学生可以获取间接的经验。可见，教学媒体的设计与选择要充分考虑学生的原有经验与知识水平。

（2）抽象层次原理 不同的教学媒体适合表现不同的教学内容。学生的认知结构是逐步形成的，它与年龄、知识、经验、思维的发展程度有关。因此，设计和选择媒体时，其传递信息的具体和抽象程度必须符合学生的实际认知水平。

（3）重复作用 重复作用是将一个概念在不同的场合或用不同的方式去重复呈现，以达到好的传播效果。比如在设计和选择媒体时，可以同时或先后用文字、声音或图像等不同的方式去呈现某一概念，以加强学生的理解。

（4）信息来源原理 有信誉和可靠来源的信息具有较佳的传播效果。因此，在选择教学媒体时，选用的媒体来源应该是有权威、真实可靠的，尽可能采用那些权威部门或优秀教师提供的教学媒体素材。

（5）最小代价原理 最小代价原理是指尽可能降低所付出的代价，取得最大的功效，即追求媒体使用的最高性价比。若多种媒体都能达到同样的教学效果，要选择制作和使用成本低、付出代价小的媒体。如果所付出的代价相近，则应该选择教学功能多、效果好的媒体。

（6）优化组合原理 各种教学媒体都有各自的特性和优缺点，不存在一种可以适合所有教学情况的"万能媒体"。各种教学媒体的有机组合可以扬长避短、优势互补，取得整体优化的教学效果。但要注意媒体的组合要以取得最佳的教学效果为出发点，而不是简单地相加。另外主要传统教学媒体和现代教学媒体的有机结合，在大力推广现代教学媒体应用的同时，不能忽视传统教学媒体的作用，更不能用媒体来取代教师的作用。

3　园林专业教学媒体应用及教学功能举例

园林专业是综合性、应用性均很强的专业。教学过程中对视觉、听觉等各种感官要求很高，同时需要一定的互动性。结合园林专业的特点，来分析各种教学媒体的应用。

3.1　视听教学媒体的应用及优势　　目前绝大多数高校和部分中等职业学校都配置了常用视听教学媒体，如电视机、录像机、影碟机、录像带、光盘、电脑及投影等。接入教室的闭路电视系统曾经是电化教育的最典型应用，而现在多媒体教室利用电脑和投影的播放软件，教师可以在教室通过录像机、影碟机、闭路电视、电脑等进行电化教学，播放视频。如园林史课程可以播放现存的古典园林视频，园林苗圃学可以播放苗木的播种、嫁接过程的动画或视频，插花艺术可以播放某一插花造型的创作过程视频。

视听媒体在教学中的应用具有如下优势。

（1）视听媒体具有视听结合、多感官刺激的特点　　视听媒体既能提供图像、文字、图表、符号等视觉信息，又能传递语言、音乐和其他音响等听觉信息，图文声并茂，有较强的感染力。这种耳闻目睹、多种感官的综合作用为学生提供了近似身临其境的感性的替代经验，有助于在教学中弥补学生直接经验的不足，为学生提供典型的示范，供学生观察仿效。如利用教学录像展示剪草机的正确使用方法，在草坪管理教学中展示草坪修剪的场景等；利用直观图片展示观赏植物的色彩、姿态、形态特征等。

（2）突破时空限制，增强教学的时效性和广域性　　电视具有极其丰富和灵活的时空表现力，借助录像技术和电视特技可以突破时间和空间的限制，通过卫星电视可以实时传遍全球，这意味着教学视野可以随电视覆盖面的不断扩大得到无限延伸，使大规模的远程职业教育得以实现。如园林工程施工组织若进行现场教学很难全面地让学生看到工程项目完整的施工过程和重要环节，但是通过视频或三维动画则可以随时展示整个过程。

（3）视听媒体可以提高教学效率　　视听媒体动静结合、声画并茂的表现形式，具有极强的吸引力和感染力，有助于在教学中引起注意，提高兴趣，增强记忆和诱发学生感情的参与，同时也培养了学生的观察力、理解力和创造力。

3.2　虚拟现实技术的应用和教学功能　　虚拟现实 (virtual reality，简称 VR) 又称灵境技术，是以沉浸性、交互性和构想性为基本特征的计算机高级人机界面。它综合利用了计算机图形学、仿真技术、多媒体技术、人工智能技术、计算机网络技术、并行处理技术和多传感器技术，模拟人的视觉、听觉、触觉等感觉器官功能，使人能够沉浸在计算机生成的虚拟境界中，并能够通过语言、手势等自然的方式与之进行实时交互，创建了一种适人化的多维信息空间。使用者不仅能够通过虚拟现实系统感受到在客观物理世界中所经历的"身临其境"的逼真性，而且能够突破空间、时间及其他客观限制，感受到真实世界中无法亲身经历的体验。

用虚拟现实技术进行教学模拟，能够表现某些系统的结构和动态变化过程，为学生提供一种可供他们体验和观测的情境。例如，在虚拟的园林树木修剪实训中，学生可以按照自己的设想，对各种树木进行不同方式的修剪、整形，计算机能够虚拟修剪后的树木生长发育状态、外部姿态。通过这种探索式的学习，学生能够发现和掌握树木生长发育规律及修剪手法的不同对于树木生长的影响，有利于学生掌握修剪的作用、技能，并利于学生创新能力的培养。

职业教育强调学生各种职业技能的培养，利用虚拟现实技术还可以进行各种技能训练，如园林工程技术中，假山工程、给排水工程、土方工程等在学校不可能进行实际操作，即使到企业，也无法在短时间看到或完成工程的所有环节，利用虚拟技术或训练系统，可以让学生反复练习，直至掌握操作技能。虚拟现实技术与网络技术结合还可进一步构建远程虚拟实训环境，实现远程实践技能的训练。

在利用虚拟现实技术进行探索学习的过程中，学习者置身于错综复杂的环境中，需灵活地进行决策、分析问题、处理问题，这有利于提高学生的学习兴趣，激发学生的创新思维。

虚拟实验有沉浸式和计算机仿真式两种模式。沉浸式实验是通过增加一些头盔显示器、数据手套之类的传感设备，使学生在几乎真实的虚拟环境中进行实验操作，但由于这种方式中硬件和软件的费用昂贵，目前在职业教育领域中的应用还不普及。计算机仿真实验是目前大多数职业学校采用的方式，学生通过键盘、鼠标和触摸屏的操作来进行虚拟实验，在显示器上观察自己的操作过程和实验现象的实时变化。

虚拟技术还可以设计考核模块，能够进行教学效果的检验及学生能力的评估。考核系统采用与教学系统和实训系统相同的技术架构和实现方式，并在其基础上加强了过程记录和能力评估的功能，其中实训记录、过程答题、考试计时等功能都非常实用。

第五节　职业教育教学方法的应用

【学习目标】掌握教学方法选择的依据。

教学方法是教学论学科领域的一个重要范畴，同样的教学内容，不同教师的教学效果不同。出现这种现象的原因，除了教师的知识水平、教学态度有差异外，也与教学方法有着直接的关系。认识教学方法的特点，有助于教师正确灵活地应用各种教学方法进行教学。

1　教学方法的特点和局限

1.1　教学方法的特点

（1）多样性　　教学活动受制于教学目标、内容、对象、媒体条件等多方面因素，构成了教学法的多样性。

（2）综合性　　每个教学内容经常是多种教学方法的有机结合、综合性的应用。实际教学过程中，不可能是某一教学方法单一实施。多种教学方法的综合运用有利于全面完成教学任务，促进学生的全面发展。

（3）发展性　　每种教学法会随着时代、教学条件、教学活动等各种因素的发展变化而相应地发展和变化。

（4）可补偿性　　在教学组织中，同样的教学目的、教学内容，不同的教师可以采用不同的教学方法取得同样良好的教学效果，也就是说，一种教学方法可以用另一种教学方法来代替并补偿。

1.2　教学方法的局限　　教学方法的运用会受到多重要素的影响，各种方法均存在局限性。一种教学方法，并不是对任何学生、任何学科、任何教学内容都能适合。如讲授法能较好地发挥教师的主导作用，具有较高的知识传递效率，适宜陈述性的知识；四阶段教学法适合一些验证性的便于示范演示的教学内容，但不适合学生自主性探索性的学习内容。每种教学方法也均具有各自的特点，不同的教学方法具有不同的作用，不存在一个最好的教学方法。

教学方法的运用受到以下方面的影响。

（1）受教师因素的影响　　任何一种教学方法作用的性质及其大小均会受到教师的教学思想观念、知识水平、素质修养、教学经验的影响。

（2）受学生因素的影响　　教学方法包括教法与学法，但最终学法决定教法。教师的教是为学生学服务的。因此教学方法的运用，必须充分考虑学生的因素，包括学生的知识水平、心理因素、情感因素等。

（3）受教学条件的影响　　教学过程中，教学条件是教学的基础。教学方法的实施需要相应的教学条件的支撑，如实验教学法需要相应的场地及设备，部分项目教学法需要的场地条件，现场教学法需要的教学基地等。

2　教学方法的应用

教学方法的应用应坚持启发式和理论联系实际，反对注入式和教条主义。启发式教学是从学生实际出发，充分调动学生的主动性、积极性，诱发学生的内在动机，引导学生独立思考，培养学生的综合能力。注入式教学则是教师从主观愿望出发，简单地向学生灌输知识。

科学合理地选择和有效地运用教学方法，要求教师能够在现代教学理论的指导下，熟练地把握各类教学方法的特性，能够综合考虑各种教学方法的各种要素，合理地选择适宜的教学方法并优化组合。

选择教学方法的依据包括：

（1）依据教学目标选择　　不同领域的教学目标的有效达成，要借助于相应的教学方法和技术。教师可依据具体的可操作性目标来选择具体的教学方法。如要培养学生的团结协作能力借助基本教学方法不易实现，可能需要项目教学法、案例教学法、调查教学法更容易达成。

（2）依据教学内容特点选择　　不同学科的知识内容，同一课程的不同内容与教学目标，均需要选择相应适宜的教学方法。

（3）根据学生的实际特点选择　　不同的生源，不同的年龄阶段，不同的知识水平的学生特点直接制约着教师对教学方法的选择。同时也需要教师要准确分析所教授学生的特点，有针对性地选择和运用相应的教学方法。

（4）依据教师的自身素质选择　　任何一种教学方法，只有适应教师的素质条件，并被教师充分理解和把握，才有可能在实际教学活动中有效地发挥其功能。因此教师在选择教学方法时，应当根据自己的实际特长，扬长避短，选择适合自己的教学方法。

（5）依据教学环境选择　　任何教学方法的选择，均需要相应的教学条件为基础，并最大限度地运用和发挥教学环境的功能和作用。

第三章 园林专业课堂教学基本方法

【摘要】随着教学理论和科技的发展，新的教学方法不断出现并被应用到教学之中。但是讲授法、谈话法、演示法、讨论法等课堂教学的基本方法是教师授课时贯穿于其他教学方法中的基本形式。

第一节 讲 授 法

【学习目标】了解讲授法的特点，掌握讲授法的运用技巧和语言、板书、教学技能。

讲授法是教师通过口头语言向学生描绘情境、叙述事实、解释概念、论证原理和阐明规律的教学方法。它是使用最早的、应用最广的教学方法，可用以传授新知识，也可用于巩固旧知识。其他教学方法的运用，几乎都需要与讲授法结合进行。

1 讲授法的特点

1.1 信息量大 能使学生通过教师的说明、分析、论证、描述、设疑、解疑等教学语言，短时间内获得大量的系统科学知识，因此适用于传授新知识和阐明学习目的、教会学习方法和进行思想教育等教学范围的运用。

1.2 灵活性大，适应性强 无论在课内教学及课外教学，还是感性知识、理性知识，讲授法都可运用。它使学生通过感知、理解、应用而达到巩固掌握，在教学进程中便于调控，且随时可以与其他教学环节结合。

1.3 利于教师主导作用的发挥 教师在教学过程中要完成传授知识、培养能力、进行思想教育三项职能，同时要通过说明目的、激发兴趣、教会方法、启发自觉学习等以调动学生的积极性，这些都适用讲授方法来体现自己的意图，表达自己的思想。讲授法也易于反映教师的知识水平、教学能力、人格修养、对学生的态度等，这些又对学生的成长和发展起着不可估量的作用。

1.4 讲授法缺乏互动 讲授法缺乏学生直接实践和及时作出反馈的机会，有时会影响学生积极性的发挥和忽视个别差异的存在。

2 讲授法的运用要点

运用讲授法时，内容的组织应注意系统性，层次分明，重点突出，帮助学生透彻理解重点、难点、疑点。讲解过程要条理清晰，从已知到未知，从感性到理性。

讲授法比较容易控制所要传递的知识内容，教师可以根据自己的认识和需要，确定讲解的详略，但学生处于被动接受的地位，除了"听"，缺乏其他"活动"的机会。如果缺乏启发性地一堂课讲到底，就是所谓的"满堂灌"，教师在运用这种方法时要注意避免这种情况。教师的讲授要善于提出课题，创造问题情境，从而激发学生的思维活动和求知欲。有时可以穿插使用一些其他的教学方法。

由于讲授法以口头语言作为传递知识信息的媒体，因此，教师在运用讲授法时必须具备一定的教学语言表达技能。

3　教学语言技能

教学语言是教师用于课堂教学的工作用语。它是教师根据教学任务，针对特定的教学对象，使用规定的教材，按照一定的教学方法，在有限的时间内，来达到某种预期的效果而使用的语言。教学语言的正确运用是教师教学的必要条件。

3.1　语音与语调　　在教学中对语音的基本要求是发音准确、规范，发音准确即吐字清晰，这样才传情达意；而发音规范就是要说普通话。

语调的抑扬顿挫和声音的高低在教学中具有重要的作用。一般要求在讲解重点、难点和问题的承转处，说话要慢些，语调要高些，以引起学生的注意并有思考、做笔记的时间。同时，要根据教学内容，运用语调的抑扬顿挫自然地体现情感。

3.2　响度、速度与节奏　　对声音响度的要求是使坐在每个位置上的学生都能毫不费力地听清楚教师讲的每句话，并且耳感舒适。因此，教师要根据学生的人数调整声音的响度。尤其是班级人数较多时，教师要特别注意观察坐在后排的学生能否听清自己的讲话。

教学对语音的速度有一定的要求，语速太快，发送信息的频率太高，会使学生的大脑对收取的信息来不及处理，从而造成信息的遗漏、积压；语速太慢，发送信息的频率太低，跟不上学生大脑对信息的处理速度，不仅会降低效率，还会导致学生注意力不集中。因此，不适当的语速会对学生的学习产生不良影响。日常生活中讲话速度较快或较慢的人在教学中要有意识地纠正自己的讲话速度，以每分钟 200～250 字为宜。电影、电视解说的速度为每分钟 250～300 字，也就是说，教学时的语速与电影、电视解说的速度差不多或略慢。

在节奏方面，首先要注意合理地分配教学时间。新教师往往不能很好地把握时间节奏，原本准备一节课的讲授内容，在半小时或更短的时间内讲完，这是因为教师自己对教学内容已掌握，尤其是通过备课后更熟悉教学内容，教学时会简单化处理，觉得讲得已经很清楚而学生可能会不知所以。其次，要注意适当的变化，可以从几个方面注意。

疏密相间：大密度的知识传授之后有短暂的放松让学生消化知识。

浓淡相宜：浓烈、热情、充满激情的表达与柔和、平缓、持重的讲述有机结合。

雅俗共赏：温文尔雅、纯净高尚的语言伴以通俗易懂、幽默风趣的讲授。

断续结合：整堂课连续的教学中有停顿、有过渡、有转换。

展收并蓄：一节课的教学要求要舒展、流畅，也要明快、果断，独立成章。

3.3　语言的可接受性与启发性　　语言的可接受性是指所有的语言必须为学生所接受。教师需要了解学生的语言，会运用学生的语言，目的是说学生能听懂的话。另外，教师的语言要跟学生的接受水平相一致，除了在教学设计时精心准备，还必须在教学过程中观察学生的反应，及时调整自己的表达方式及语速等。

启发性有三重意义，一是启发学生对学习目的意义的认识，激发他们的学习兴趣；二是启发学生联想、想象、分析、对比、归纳、演绎等；三是启发学生的情感和审美情趣。启发学生思维的方法很多，如理论联系实际、生动的语言描述、正确地运用直观教学手段等。

3.4　板书功能　　讲授法必定辅以板书，以引导学生把握教学重点，全面系统地理解教学内容。板书技能是教师利用黑板以凝练的文字语言和图表等形式，传递教学信息的行为方式。板书是课堂教学的有机组成部分，也是教学技能的重要体现。即使现代教学手段运用多媒体教学已非常普遍，但是课件不能代替板书。

3.4.1　板书的基本要求

（1）科学性　　能直观形象地概括教学内容，便捷地展示教学内容的重点和难点，完整地体现教师的教学思路。板书要用词恰当、语言准确、图表规范、线条整齐。

（2）清晰性　　字的大小以后排学生能看清为宜。

（3）计划性　　板书设计是教学设计的重要内容，在备课时应该安排好一节课的板书内容及布置。

（4）示范性　　书写规范。

（5）条理性　　层次分明、重点突出、详略得当。

（6）艺术性　　布局合理得当。

（7）启发性　　板书的内容要忠于教材，但又不应是教材的简单摘录。而应是教师创造性劳动的成果、艺术的结晶。它应是学生理解记忆的线索、引发思维联想的火花、开发智力的杠杆。

板书设计不能墨守成规、一成不变，应当在不影响教学要求的前提下，适当地采取随机应变的措施，具有高度的灵活性；在板书的设计上，应该用精辟的语言画龙点睛地展现教材内容的整体框架，使学生能从板书上受到启发，引发其积极思考。因而板书应当具有系统性、条理性、富有美感和表现力。

板书设计不仅要注重形式美、布局和内容的适当，还要注重板书的时效性。板书的时效性是指教师在教学过程中应掌握的板书时机。聪明的教师应清楚什么时候板书最佳。一般说来，板书应在学生感到非写不可时再写，换言之，只有当学生对所学的知识感到似懂非懂时，教师的板书才能起到点拨、引导或使学生领悟的作用。同时，板书也是控制课堂节奏的有效方式，教师板书时，也是学生理解、消化课堂知识，进行记录的时间。

3.4.2　板书的类型

（1）提纲式　　按教学内容和教师讲解的顺序，提纲挈领地编排书写的形式。这种形式能突出教学的重点，便于学生抓要领，掌握学习内容的层次和结构，培养分析和概括的能力。这也是普遍采用的类型。

（2）词语式　　其特点是简明扼要，富有启发性，通过几个含有内在联系的关键词语引起学生连贯思索，加深对教学内容的理解，有利于对学生思维能力的培养。

　　（3）表格式　　根据教学内容可以明显分项的特点设计。教师根据教学内容设计表格，提出相应的问题，让学生在思考后提炼出简要的词语填入表格，也可以是教师边讲解边把关键词填入表格。还可先把内容分类有目的地按一定位置书写，归纳、总结时再形成表格。

　　（4）线索式　　以教材提供的线索（时间、地点等）为主，反映教学的主要内容，这样能把教材的梗概一目了然地展现在学生面前，使学生对它的全貌有所了解。这种板书指导性强，对于复杂的过程能起到化繁为简的作用，便于记忆。

　　（5）图解式　　在板书中辅以一定意义的线条、箭头、符号等组成某种文字图形的板书方法。它的特点是形象直观地展示教学内容，许多难以用语言解释清楚的事物往往一经图示，便一目了然。

　　（6）总分式　　适合于先总体叙述后分述或先讲整体结构后分别讲解细微结构的教学内容。这种板书条理清楚、从属关系分明，便于学生理解和掌握教材的结构，给人以清晰完整的印象。

　　（7）板图　　教师边讲边把教学内容所涉及的事物形态、结构等用单线图画出来（包括模式图、示意图、图解和图画等），形象直观地展现在学生面前。板图在辅助讲解事物的发展变化过程方面，不但优于语言，有时也优于挂图。

4　板书和语言的配合

　　板书与语言的结合可以是先写后讲、先讲后写或边讲边写，在教学过程中经常变换使用。先写后讲一般在需要学生对某一事物先有一个全面概括的了解，然后再逐部分细致讲解时采用。先讲后写通常在教师利用板书帮助学生回忆所学过的内容的要点或讲解新知识时使用。而图示式、板图式适合边讲边写，教师事先在黑板上确定好书写、绘图的位置，按照讲解的顺序边讲边画，一个过程或某种结构讲解完了，整个板书或板图也完成了。

5　教态变化技能

　　讲授法虽然以教师的口头语言为传授知识的方法，但口头语言并不是唯一的媒介，如果教师能适当地运用一些身体语言，会对讲授的效果有很好的辅助作用。教态变化的类型主要有以下几种。

5.1　身体动作　　教师在课堂上的动作，主要是指教师在教室里身体位置的移动和身体的局部动作。

　　（1）教师在课堂上的走动　　课堂上教师位置的变化有助于师生之间情感交流和信息传递。上课时，教师以讲台为主，但不能是独占讲台而不动。教师适时地在学生面前走动，课堂会变得有生气，可以引起注意，调动学生的积极情绪。相反，如果整节课教师都是以一个姿势站在那里，课堂就会显得单调而沉闷。

　　教师在课堂的走动大体上分为教师讲课和学生自主活动两种情况。教师讲课时，可以在讲台周围走动；学生自主活动，如练习、讨论、做实验时，教师在学生中间走动。

后一种情况的直接作用是了解学生活动情况，进行必要的检查、辅导和督促。间接作用是密切师生关系，加强课堂上师生间的感情交流，因为空间距离的缩小可以带来心理上的接近。当然，课堂上的走动也可以比较灵活，例如，走到学生中间可以对不专心的学生起到提醒和督促作用，但这种情况需要前排的学生向后看，教师也不能板书，因此不宜多用。

在课堂上走动时要注意4个问题：

第一，不要分散学生的注意力。为了做到这一点，一是要控制走动的次数，一节课内不要不停地走；二是走动时姿态要自然大方，不要做分散学生注意力的动作；三是要控制走动的速度，身体的突然运动或停止都能引起学生的注意，快速地、脚步很重地走动往往表示了教师的某种情绪，所以在课堂上教师应该是缓慢地、轻轻地走动。

第二，停留的位置要方便教学。一般来说，学生在做练习或考试时，不喜欢教师在自己身后停下来，因为这会造成他们情绪紧张，破坏他们的正常思维过程。

第三，教师在学生中间走动进行个别辅导时，要注意关心每一个学生，对所有的学生给予同样的热情。教师的关心可以转化为学生好好学习、积极向上的驱动力。如果教师只将精力放在部分学生身上，那些不被关心的学生会认为"教师不喜欢我"，从而伤害他们的积极性。

第四，要处理好局部与全部的关系。教师如果发现某个小组需要辅导，应轻轻向他们走去，然后回答问题或解题，以免影响到其他学生。如果一个小组提出的问题具有普遍意义，需要在全班讲解，较适宜快速走向台前，请全部学生注意，面对全班进行解答。

（2）教师身体的局部动作　　教师除全身动作外，头部和手部均能表达一定的思想和辅助语言的表示。教师恰如其分的手势能增强学生的记忆力，如指示性手势，指挥学生参与学习活动；暗示性手势启发学生的思维以及想象力；象形性手势能形象的描述人物、事物的形和貌。充分利用手势，可以让学生识记非常深刻。而教师深深地点头，在学生回答问题时可以表示赞同或鼓励。

5.2　面部表情和眼神的交流　　教师的表情是和学生建立感情的纽带，情感是打开学生智力渠道闸门的钥匙。教师的各种情感大多从面部表情反映出来，学生也可以从教师的情感中激发相应的情感，师生之间情感交流是形成和谐教学气氛的主要因素。教师要善于利用自己面部表情的变化适应课堂教学的需要，如果教师的面部表情与教学内容是相适应的，面部表情不仅可以辅助传递教学内容，还能使课堂变化生动、感人、充满吸引力。课堂教学是丰富多彩的，教师的表情变化更要注意亲切、自然。

特别需要指出的是，教师的微笑可以使学生感受到关心、爱护、理解和友谊，同样一句话，例如请学生站起来回答问题，教师微笑或板着面孔说出来，学生会有完全不同的感受。因此，教师在课堂上要调整好自身的心态和情绪，切勿把不良的心态带进课堂而板起面孔、紧锁眉头面对学生。

对于教师而言，要求讲话时要面对全部学生，有较长时间的眼神交往。同时，教师还能从学生的目光中发现他们对课程的反应。此外，教师既严肃又亲切的目光能增强与学生在情感上的交流，融洽师生之间的关系，有助于学生对知识的理解和巩固。在课堂中教师目光的变化要注意亲切、自然，始终保持神采奕奕，目光明亮，切忌暗淡无光。

5.3　停顿与声音的变化　　　停顿是引起注意的有效方法。在讲述一个重要的事实之前作一个短暂的停顿，能够引起人们的注意。教师再提出一个问题后，停顿一下可以让学生思考，做好回答问题的准备。

平缓、单调无味的声音会使课堂变得死气沉沉，而声音的音质、声调和讲话速度的变化，以及富有表情的语言，会使教学变得很有生气。讲话速度的变化也是应该注意的一个因素。从一种讲话速度变到另一种讲话速度，可以使注意力重新转移到话题上来。

第二节　谈　话　法

【**学习目标**】了解谈话法的特点，掌握提问时的要求和提问技巧。

谈话法又称问答法，是教师根据学生已有的知识或经验提问学生，并引导学生经过思考，对所提问题自己得出结论，从而获得知识、发展智力的教学方法。这种方法通过教师的提问，激发学生的积极思考。学生在回答问题的过程中，要运用已有的知识和经验，通过判断推理，弄清新问题，获得新知识，从而融会贯通地掌握知识，发展智力，回答过程本身还可以锻炼学生的表达能力。

问答法的特点是信息的双向交流，教师提出问题，激发学生的思考；学生回答问题，教师可以从学生的神态上、学生回答问题的方式和内容上，获得一定的教学反馈信息，从而调整教与学活动；教师对学生的回答做出一定的总结、评价或指导，学生对自己的认识也可以获得一定的反馈信息，从而明了自己知识掌握的情况。

当教学过程开始进行时，随着时间的推移，特别是 20 min 之后，学生的注意力会普遍下滑。教师应巧妙设置提问，根据学生的反应做适当调整，紧紧抓住他们的注意力、兴趣点，引导他们顺利有效地过完 50 min 的教学过程。

在引入阶段，教师用不同的语言或方式来表示即将提问，使学生对提问做好心理上的准备；在陈述阶段，引导学生弄清要提问的主题或使学生能承上启下地把新旧知识联系起来。教师应措词确切，言简意赅，不拖泥带水，不发生歧义。

1　提问的类型

1.1　回忆提问　　　回忆提问一般是用在刚开始上课时教师引导学生回忆前次的讲课内容，或者是要讲某一问题的时候。回忆提问有两种类型。

① 教师引导学生回忆某个已经学过的事实或概念之后，要求学生回答"是"或"否"，此时教师在提出这种问题以后一定要让学生立即做出回答。

② 要求学生基本上能够按照教材上的表述方法来回答已经学过的事实与概念等。如课程导入时提问"什么是扦插繁殖？"

两种回忆提问的难度都比较低，本身并没有给学生提供表达自己思想的机会，容易限制学生思维的发展，所以教师不应该过多地采用。

1.2　理解提问　　当教师讲解完某个概念、原理、算法或操作之后，或是在课程结束的时候，可采用理解提问的方法来检查学生对于刚才所学知识或技能的掌握情况，了解学生是否准确理解了教学内容。理解提问包括 3 种。

（1）一般理解　　要求学生用自己的话对事实、事件进行描述或解释，如"扦插繁殖的特点有哪些？"

（2）深入理解　　让学生用自己的话讲述教材的意义或中心内容，以便了解是否抓住了问题的本质，如"扦插生根的原理是什么？"

（3）对比理解　　让学生对已学过的知识进行回忆、解释或重新组合，才能回答这种提问，如"有性繁殖和无性繁殖有哪些优缺点？"

理解提问有助于加深学生对所学知识的理解，发展学生的思维能力，教师应在课堂上多加组织。

1.3　运用提问　　教师在向学生提问之前，为学生建立一个简单的问题情境，让他们运用刚刚获得的知识或回忆过去学过的知识来解决教师提出的新问题。在信息技术课程的有关概念、操作技能的教学中经常需要采用这类提问方法，因为它不仅要求学生回忆、理解已经学过的知识，而且还能运用到当前的情境之中来解决新问题。不过由于稍有难度，教师在要求学生回答此类问题时，要给予必要的指示或引导，以免学生回答不出而打击他们的积极性。如讲授花坛设计时，先利用投影仪展示各种不同的花坛照片，然后提出问题："花坛花卉具有哪些特点？我们学过的花卉中哪些适合布置花坛？"

1.4　分析提问　　要求学生识别条件与原因，找出条件、原因与结果之间的关系，能组织自己的思想来寻找根据以进行解释或鉴别，在程序设计的教学中经常需要采用这种方法。分析提问包括 3 种。

（1）要素分析　　要求学生阐述事件中所包含的构成要素。

（2）关系分析　　不但能鉴别出各种要素，还能确定各要素之间的关系及各要素与总体之间的关系。

（3）组织原理分析　　能检验、判断各种事实、观点和行为等所依据的准则。

学生对于分析提问的回答必须要经过较高级的思维活动，所以教师除了要鼓励学生积极回答外，还应不断给予提示和探寻指导。

1.5　综合提问　　综合提问能够激发学生的想象力和创造力，比较适合于作为笔答作业和课堂讨论。它包括两种。

（1）分析综合　　要求学生对已有的材料进行综合概括，从而得出最终结论。

（2）推理想象　　要求学生根据已有的事实进行推理，想象可能的结论。

1.6　评价提问　　评价提问要求学生进行价值判断，前提是必须让学生先建立起正确的价值观念和思想观念，或者是先给出判断的原则来作为评价的依据。评价提问的内容主要包括判断方法优劣和评价作品等。

2　提问的要求

设计的问题应依据每节课的教学重点和难点，要有启发性，切中关键处。问题的难度要适宜，适应学生的年龄和能力，要使学生经过思考才能够回答出来，同时也要使多数学生能参与回答。预想学生可能的回答及应对方法。同时，教师也要培养和鼓励学生提出问题。

依照教学进展和学生的反应，把握提问的时机。问题的内容要集中，问题的表达要简明易懂，使学生明确问题重点。

提问态度要亲切和蔼，有吸引力、有鼓励性，使学生愿意思考、大胆回答。在进行提问时应有必要的停顿，使学生作好接受问题和回答问题的思想准备。特别要强调的是要先面向全体学生提出问题，然后给学生思考的时间，待全班同学积极思维、跃跃欲试时再指定同学来回答。

在选择回答问题的学生时，教师要注意避免将班级分为一小组积极参加者和一大组被动学习者。在任何一个班级里，总有一些学生比较活跃，乐于发表自己的见解，而另一些学生不习惯在众人面前表现自己。为了调动每一个学生学习的积极性，教师必须对提问进行适当的分配，特别是给予那些不善于表达思想的学生锻炼的机会。对于学习不好的学生，可以让他们先回答比较简单的问题，并给予鼓励和帮助。另外，要特别注意坐在教室后面和两边的学生，因为这些学生容易被教师忽视。

要虚心听取学生的回答，其外在表现是凝神注目、不时点头，不打断学生的回答，不做其他事情，适时给予口语性反应，如"对""嗯""哦"等；其内在过程是抓住回答的要点，慎辨正误，做好有效评价的准备。教师的这种虚心态度，不仅可以增强学生回答的信心，提高参与的主动性，而且对建立良好的师生关系和激发学生答题灵感都有重要作用。

正确对待意外答案，特别是教师自己也没有把握判断正确与否时，切忌妄做评判，一般可进一步询问学生答问的依据，征求其他学生的意见，待有把握后再做评核。如果问题还不能解决，就应实事求是地向学生说明，待查到资料或思考成熟后再与大家一起讨论。

当学生不能回答或回答不正确时，教师应首先核对查问学生是否明白问题的意思；如果不是这个原因，教师应以不同的方式鼓励或启发学生回答问题，而不要代替学生回答，培养他们独立思考的意识和解决问题的能力。根据出现的问题，教师可以从以下几个方面提示。

（1）使学生回忆已学的知识或生活经验　　如果是因为旧知识遗忘太多，不能把已学知识和问题有机地联系起来，或因为紧张不能联系生活中的常识，而不能回答问题时，应提示其回忆从前学过的事实、概念或生活经验、体会等。

（2）使其理解已学过的知识　　如果是因为学生对已学过的知识没有理解，而不能回答所提出的问题，就应了解对以前的学习内容理解的情况。了解的方法是让学生对与问题有关的知识进行叙述、比较、说明等。

（3）使其明确回答问题的根据和理由　　如果是因为学生找不出回答问题的根据和理由，或者证据不足、理由不充分，而对问题不能进行完满地回答时，就应提示其将与问题有关的事实、概念等进行解释，分析思考，从而使其明确回答的根据和理由。

（4）使其应用已学过的知识解决问题　　如果是因为不能把已学过的概念、原理、法则或技术等和问题联系起来，不能应用已学过的知识解决新的问题，就应有意识地提示其回忆这些概念等的内涵和外延，应用这些知识来解决问题。

（5）引导思考，活跃思维，产生新的想法　　根据学生已回答的事实或条件，提示其进一步思考，进行推理和判断，预想事物的可能结果或者加入新的材料，引导其预想事物的进一步发展，进行新的综合，产生新的想法。

（6）使其进行判断和评价　　根据已有的事实和结论，提示其依据已学过的原则、概念等进行有根据的判断，评价其价值。

学生回答后，教师要及时反馈，给予确认、鼓励和分析，强化学生的学习，使全体学生受益。教师可以通过重述、追问、更正、评议、核查、拓展等方式进行反馈。

评核过程中应注意评议的中肯；要尊重学生，特别是对答错的学生不宜简单否定，要热情地引导。

第三节　讨　论　法

【学习目标】掌握讨论法的组织程序及过程。

讨论法是学生根据教师所提出的问题，在集体中相互交流个人的看法，相互启发、相互学习的一种教学方法。讨论也是一种信息交流活动，但它不同于讲授法的单向信息交流及谈话法的双向信息交流，而是集体成员之间的多向信息交流，学生可以在听取不同的发言中进行比较，相互取长补短。

这种方法以学生的活动为中心，参加活动的每一个学生都有自由表达自己见解的机会，处于主动地位，可以很好地发挥学生学习的主动性和积极性。虽然有一个讨论的主题，但发言的内容可以不受教材的限制，有利于发挥学生的独立思考和创造精神。

讨论时不可避免地会出现不同的观点，要说服他人，必须提出事实和论据，这绝不是死记知识可以做到的，因此，讨论有利于促进学生灵活地运用知识，同时也可以培养学生的沟通能力。

讨论法给学生更大的自由度，为学生创造一个适于他们各自发挥其独特才能的机会，使学生成为学习的主人。在教学过程中，主体只能是学生，工作的焦点必须放在学生身上，而处于客体地位的教师，是实际教育目标的组织者和领导者。在教学过程中，教师应设法创造符合教学要求的学习环境和条件，发挥学生主体作用，使学生通过自己阅读、讨论，开展积极的思维活动。学生学习越主动，表明教师的主导作用发挥得越好；反之，学生总是处于消极被动的状态，那就根本谈不到教师的主导作用。

1　讨论法的程序

1.1　准备　　讨论前师生都要做好充分的准备。教师要向学生提出讨论的课题，指出注意事项，布置一些阅读的参考资料。每个学生都应按照要求，做好发言的准备。

　　讨论的题目可以是一个实际的问题，或是一个假设性的问题。但必须具有两个以上的方面，或者是不带有简单、明了答案的问题。此外，题目应该是有趣的，而有趣的前提是对问题的熟悉。如果对问题一无所知，就无法参加讨论。因此，讨论主题一定要在学生经验和能力的范围之内。

　　如"针对学校礼堂室内空间进行花卉装饰的方案设计"讨论，一方面学生学习过花卉装饰的内容，另一方面学生对学校礼堂内部环境熟悉，装饰方案可以各抒己见，不存在答案的正确与否，学生参与性强。

1.2　实施

　　（1）学生自学　　教师指定自学内容，并首先带领学生浏览，指出重点、难点，然后学生逐条地去理解抽象的理论部分等。

　　（2）自行讲解　　教师把要讨论的内容按基本概念、基本理论、例题、习题等分成若干个"单元"，把学生也分成相同数目的小组，在学生全面自学的基础上，每组又各自有所侧重，待讨论时，再具体指定主讲人或由小组自选主持人，小组中其他成员自由补充。这里教师要注意鼓励学生大胆发言，并引导学生的发言围绕课题中心，抓住主要矛盾，有理有据，善于追求真理，修正错误。

　　（3）相互讨论　　相互讨论也是按单元进行。在教师的启发和指导下，学生互相针对课题及其他同学答案进行讨论。教师可根据讨论发言的进展情况，随时抓住和深入理解与主题有关的其他有争论的课题，引导学生深入开展讨论，以求讨论的步步深入。

　　（4）单元讨论　　在相互讨论之后，分别由主讲人或教师归纳出正确结论，或推导出正确且最简捷的答案等。

　　（5）全课总结　　教师针对全课的理论部分及其应用部分进行总结。

1.3　结束　　讨论结束时，教师要做出小结对疑难问题或有争议的问题阐明自己的看法，指出讨论的优缺点；对某些问题，如果学生一时想不通，允许学生保留意见。

2　讨论法的组织

　　讨论是理智的思想交流，参与者必须能够合乎逻辑地提出看法，并进行论证。为此，要给学生适当的时间准备。

　　讨论开始前，应提出讨论时应遵循的规则，例如，只有给予了发言权才可发言，别人发言时要注意倾听；讨论的目的是明辨是非，而不是谁胜谁负，引导学生善于吸取他人意见的正确之处；要明白意见的差异不等于对个人的否定，防止把争论变成个人冲突或攻击。

　　讨论中个人交流的程度随分组的大小而定。分组较小，每个成员都有机会发表自己的看法；分组较大，不善于或不乐于发言者可能会自动退出讨论。此外，对比分析表明，个性不同的成员组成的小组可以得到更优异的答案。

　　当学生还不能自行领导讨论，或某些问题需要全班一起明确时，可采用全班讨论的方式。在这种形式中，教师是讨论的领导者，在提出问题后，发动学生相互交流，教师作为其中的一员参加讨论。一般而言，这种方式能保证交流顺利地向预期目标前进，而讨论的成败，在很大程度上取决于教师启发、引导的能力。其缺点是不能使每个人都有发言的机会。

全班分成几个讨论小组，教师分别到各组去听取发言、给予指导。这种讨论，必须限定时间，才能使学生把精力放在主要问题上。小组讨论后，每个小组要向全班汇报本组的讨论结果。

第四节　演　示　法

【**学习目标**】掌握演示法的要求和注意事项。

教师根据教学内容和学生学习的需要，运用各种直观教具、实物或示范实验，把事物的形态、结构或变化过程等内容展示出来，使学生获得关于事物现象的感性认识的方法。这种方法可以使学生加深对事物的印象，集中学生的注意力，激发学习兴趣。同时，理论与展示物的结合可帮助学生形成深刻正确的概念。

教师对演示物要精心选择，并使多种媒体相互配合，综合利用。对演示的课堂实验要在课前实际做一遍，以免出现意外。

演示前要提出问题和观察重点，使学生注意观察事物的主要特征和重要方面，演示时要适当配合讲解或谈话，并尽可能让学生运用各种感官去充分感知事物，演示后要及时总结，明确观察结果。

1　演示的类型

1.1　实物、标本和模型演示　实物、标本和模型演示的目的是使学生具体感知教学对象的有关形态和结构特征，以便获得直接的感性认识。为了使学生的观察更有效，教师需要注意以下问题：第一，材料的演示要与语音讲解结合。在学生想看时，教师要指导他们看什么，怎么看；学生需要仔细观察时，教师要给学生思考的空间。第二，实物演示与其他直观手段结合。实物、标本所表现出来的现象，有时在结构上界限不清，影响学生清晰而准确地感知。例如经纬仪、全站仪等设备，看不到内部结构，这时需要与挂图、幻灯、影像资料等直观手段相配合，从而深化学生的直观感受，引导学生深入观察。第三，模型的演示要说明与实物的区别。例如分子结构模型要比实物大许多倍，而且在模型中，将碳原子涂成黑色、氢原子涂成白色、氧原子涂成红色，这些都是为了便于观察或相互区别而人为设定的，必须向学生交代清楚，以免引起学生的误解。

1.2　幻灯、投影的演示　幻灯、投影的演示容易吸引学生的注意，激发学生的兴趣，但如果时间过长，也会引起学生疲劳。因此，演示的次数不能过于频繁，每次演示的时间也不宜过长。演示时要注意室内局部遮光。

在演示幻灯、投影时，教师也应对幻灯片的内容做简短说明，告诉学生观看的重点，提出观看的要求，留下思考的问题，使学生明确观看的目的。放映结束后要及时总结或讨论，把幻灯片的演示与教学内容紧密结合起来，使学生巩固所得到的感性知识，进一步提高到理性认识。

1.3　多媒体的演示　　多媒体集图文声像于一体，以多层次、多角度的形式呈现教学内容，将深奥的理论浅显化，抽象的理论具体化，静态的事物动态化，枯燥的知识形象化，为学生创设丰富多彩的立体式的教学环境。如一些较抽象的概念和理论、复杂的变化过程等，都可以用多媒体动画或图像等方式，形象生动地表现出来，这样呈现在学生面前的是逼真的图像、生动的声音和形象的动画，由此创设出符合教学主题要求、并接近真实的情境，再加上教师的补充讲解，更增强学生对教学主题内容的理解和掌握，最终帮助学生完成对所学知识的意义建构，同时还可以培养学生的形象思维，促进学生抽象思维的发展，在学生潜移默化地掌握知识的过程中，锻炼学生观察问题、分析问题、科学推理思维的能力和方法。

多媒体用于课堂教学，可以增加教师教学手段的灵活性和多样性，使教学内容的表现形式更丰富、更生动、更形象。为学生创设了一种更加逼真的教学情境。在这种环境中，学生通过多种感官接受信息，激发了学生学习的积极性和主动性，从而提高了教学质量和效率。

1.4　实验的演示　　课堂实验演示从目的上看，可分为获取新知识的演示实验和巩固知识的演示实验两种。

获取新知识的实验演示是由特殊到一般的教学过程，属于归纳法。由于实验演示时学生并没有掌握有关的理论知识，他们的观察容易忽视最关键的地方，教师要努力引导学生注意实验的条件和产生的主要现象，因此，教师演示的方法通常是"边讲解边演示"。演示时，教师要先详细说明实验的各种条件，当学生看到实验现象后，要启发、引导学生对现象进行解释，并做出正确的结论。从实验中所得出的结论，只是个别现象的特殊结论，还应该把它推广到一般或其他同类现象中去。对于学生没有使用过的仪器、设备，还应该说明它们的操作方法及注意事项，训练学生的基本技能。

巩固知识的实验演示是由一般到特殊的教学过程，属于演绎法。在这种实验演示时，学生是在已有理论知识指导下的观察，他们能预见到实验的结果。因此，教师可采用灵活多样的方法。一种方法是，在演示前，教师向学生说明要做什么实验，引导学生运用刚学过的理论预测将产生什么结果。实验后，请学生解释实验现象。另一种方法是在实验演示前，向学生说明要做什么实验，打算得到什么结果，让学生讨论实验需要的条件，怎样才能产生预期的结果。这样，学生运用刚刚学过的知识设计实验，教师对学生的方案修改完善后进行实验。

2　演示的要求

2.1　演示物应保证学生看清　　要保证学生看清演示物，需要注意3个方面：第一，演示物有足够尺寸，过小的材料只能用投影器放大或分组演示或传看，当然过大的材料也无法在课堂上演示。第二，演示物放在一定的高度，以保证全部学生坐在原位置上就能看清演示材料。一般以前面的学生不遮挡后排的学生视线为宜。第三，演示物要有适宜的亮度。除了幻灯、投影、电影、电视外，其他直观材料都应在光线充足的条件下进行演示。如果用灯光辅助，光源的位置以从标本、模型等的前斜上方照射为宜；玻璃器皿中的溶液、标本等，以后侧方照射为宜。

2.2 对演示物的指示要确切 在讲解演示物的某一位置时，教师的指示一定要确切，才不至于造成学生的误解。

2.3 实验操作要规范 演示实验的操作必须规范，对学生起到示范作用，它可以培养学生一丝不苟的优秀品质。教师还应把学生容易出错或有疑问的地方，有预见性地交代清楚，防止错误的发生。

2.4 语音讲解要与演示紧密结合 必要的讲解有利于帮助学生理解和思考，可以使演示发挥更好的作用。

第四章　案例教学法

【摘要】案例教学法是一种适宜应用型教学内容的教学方法，适合园林专业的设计类课程、工程类课程、园林植物应用类课程中部分内容的教学，以学生为主，教师为辅，对提高学生的专业能力、社会能力、情感能力很有裨益。

第一节　案例教学法介绍

【学习目标】了解案例教学法的概念，深刻理解案例教学法的特点、教学意义，掌握案例教学法的实施步骤。能够运用案例教学法进行教学设计。

1　案例教学法的概念和内涵

案例研究起源于 20 世纪 20 年代，发端于医学和法学领域。哈佛大学医学院的"临床病例"，法学院的"法院判例"，提供学生们充当"医生""法官"和"律师"的机会，从自己扮演的角色出发，设身处地地参与案例分析和讨论。1980 年以后，案例教学法逐步受到教育领域的重视，成为一种有效的教学模式，被广泛运用于法学、管理学、经济学等专业中。

目前被国内外广泛接受的是哈佛商学院的案例教学模式，其定义为：一种教师与学生直接参与共同对工商管理案例或疑难问题进行讨论的教学方法。这些案例常以书面的形式展示出来，它来源于实际的工商管理情形。学生在自行阅读、研究、讨论的基础上，通过教师的引导全班讨论。因此，案例教学法既包括了一种特殊的教学材料，同时也包括了运用这些材料的特殊技巧。

国内的《教育大辞典》将案例教学法定义为"高等学校社会科学某些学科类的专业教学中的一种教学方法。即通过组织学生讨论一系列案例，提出解决问题的方案，使学生掌握有关的专业技能、知识和理论。"在教育学中，人们又将案例教学法定义为教学中的案例方法，是指围绕一定的教育目的，把实际教育过程中真实的情形加以典型化处理，形成学生思考和决断的案例，利用独立研究和讨论的方式，来提高学生分析问题和解决问题能力的一种方法。

综上所述，案例教学法是指在教师精心策划和指导下，根据教学目标和教学内容，运用典型案例，引导相关专业学习者对案例的信息进行分析，在案例分析的基础上理解和应用专业知识。案例教学法强调在解决问题过程中由学习者整理、分析资料，提出解决问题的方案并亲自实践的学习过程。

2　案例教学法的特点

2.1　案例的典型性与鲜活性　高质量的案例是实施案例教学的根本。哈佛商学院在开始实施案例教学法时，就成立了案例开发中心，建立了完整的从案例选题、搜索、撰写、应用、储存、更新到发行和版权保护等各个环节环环相扣的案例库系统。为确保案例的典型性和鲜活性，目前哈佛商学院每年开发大约 350 个案例，每年对外出售案例次数约为 600 万次。每个案例皆经过众多大师认真筛选、反复论证。

2.2　教师对课堂教学的责任感　　案例教学对教师的要求很高。教师既能通过"在恰当的时候，以恰当的方式对恰当的人提恰当的问题"来调动所有学生的参与热情，又能不露声色地及时叫停学生偏离主题的发言；他们既能激励学生天马行空地展开思维，又能牢牢掌握讨论的主线避免野马脱缰，还能将课堂时间和进度准确控制。

为实施有效的案例教学，教师还要提前几十天就开始了解学生，每次下课后能准确地回忆并登记每个学生的课堂表现，课堂发言的数量和质量是期末成绩的重要组成部分。

2.3　教学组织的独特性　　案例教学法的课堂教师走入到学生中间，由教师引导进行小组辩论和自由辩论，教师的发言时间占课堂时间的 5%～10%。

2.4　课前准备的充分性　　上课前，教师要认真分析案例，思考课堂教学过程中的有关设计和讨论的内容。提前数日将案例发给学生，学生对案例花费若干小时研究之后，课前预习掌握相关理论知识，先模拟小组的讨论和进行问题回答，然后再到班上检测自己的想法。一个案例教学，学生一般需要 4～6h 的准备时间。

案例是对某一特定情境事件的报道，这个事件有特定的时间、地点、情景、人物和任务表现，或者一个特定的过程，它凝聚了所有的信息。案例中蕴含着各种冲突、各种困难、各种问题，激发大家的好奇心，考验大家的专业性和看问题的准确性。大部分案例是以时间为顺序，为了达到研究的目的，通常保持该事件结尾的开放和未知状态，以此鼓励学生为案例中出现的问题寻找解决方法，分析其可行性并解释、证明其原因。

这些问题的解决需要借助其他信息，这些信息案例中大多没有，需要通过额外的渠道获得，案例教学需要学生们认真阅读案例后，有目的地搜寻更多对于他来说新的信息，全面进行分析和思考，才能成功处理这一案例问题。学生能够处理案例问题后，仍然需要在课堂上积极发言，并注意发言技巧，把解决途径清晰准确地表达出来。

3　案例教学法的功能

3.1　有利于掌握专业知识　　案例由一个典型的专业事件构成，它提供了一个专业情境，通过对案例的了解，同学们能顺利进入专业情境，亲身感受专业内容，典型案例中也涉及多个专业知识点，这些知识在今后的实际工作中会普遍出现，重复率高，学生们通过案例学习，自然而然地掌握了这些与案例相关的专业知识，且印象深刻，并能运用到工作实践中去。

3.2　有利于促进学生主动学习　　案例教学是一种引导启发式教学方法，和传统的"满堂灌""注入式"教学方法中学生被动掌握知识不同。案例源于实际工作中的典型案例，这种与实践密切结合的学习模式，很容易调动学生们自主探索的积极性，并愿意面对自主解决问题的挑战。整个教学过程中，充分发挥了学生主动地去搜集整理资料，主动地思考和分析，自觉找到答案的主观能动性。这种主动学习对学生保持并提高学习兴趣大有裨益，同时，也有利于对专业知识的牢固掌握和深刻理解。

3.3　有利于培养学生的自学能力和多元思维，培养处理复杂事件的应变能力　　在案例教学中，学生们为了全面了解案例，就必须广泛地收集和整理相关资料，在这个过程中，学生掌握了搜索信息的不同途径，熟悉了对众多信息甄别处理的不同方法。为了对这个案例进行分析，学生们学会了对案例相关信息的分析统计、比较的方法，并能形成相对成熟的见解。最后为了表达自己观点，学生们学会了与人沟通和观点表达的方法和技巧。

事物的发展具有多种可能性，一个复杂问题往往存在多种解决途径与方法。案例法教学就是将案情展示给学习者，不同的学习者会对案情作出不同的反应，通过学生之间的互动交流，相互启发，相互影响，让学生自觉地发现解决问题的多个途径与方法。多元思维有利于学生在实际工作中面对复杂问题时从多个角度思考问题，尽可能地预计到事件发展的各种可能性，准备好多种解决方法、多个预案。

3.4　有利于提高学生的综合素质　　在案例学习中，每个学生都是决策者，根据材料所提供的情况，最后做出自己的决定，并与其他决策者进行交流。这不仅激发了学生的创新思维，培养了学生的创新能力，还有利于提高学生的归纳与表达能力。在案例教学中，学生和学生之间，学生与教师之间自由讨论、辩论，陈述自己的观点，培养了学生的交流能力和团队沟通精神。

案例教学法是一个全员参与的集体教学过程，每个学生都在贡献自己的智慧和创新。在此过程中，学生会发现自己只是一分子，个人的思想和见识是有限的，别人讲的都有其合理性，常有超越自己的地方，只有将集体的智慧组合起来才能形成解决问题的好方案。因此案例教学法有助于培养团队精神和发挥群众集体智慧。

4　案例教学法的教学设计与实施

4.1　案例教学的设计　　案例的设计有多种方案，主要从以下几方面考虑。

（1）叙事性与信息经济性　　创建叙事的学习情境是案例教学的显著特征，可以帮助学生贴近生活或岗位环境，融入以前所学的知识。案例的叙事性给学生的自主学习传递了细节饱满的情境，介绍了多样的问题及不同的解决方案，为学生的自主学习提供了基础。

（2）问题性与复杂性　　案例中包含的问题广泛，既有专业问题又有简单的工作任务。原则上问题的设置可以根据学生掌握知识的程度、学习目标和其他条件调整难易程度。同时问题的复杂程度也有不同变化：可以调整相关元素的类型、数量及这些元素间的关系。

（3）虚构性和真实性　　案例研究以真实的事件为基础，但案例中也有虚构的成分，出于教学目的对该故事进行"处理"。也可以完全虚构故事，主要根据教学内容和教学目标的需要。但是虚假的故事会减少学生的兴趣。

（4）学习环境的开放性与封闭性　　封闭性是指案例中已经给出处理问题所需的全部信息。开放性是指学生可以根据需要利用其他途径如网络、企业等引入、筛选相关信息。

4.2　案例教学法的实施　　案例教学法包括两个学习阶段：基于案例的学习阶段；抽象为一般认识的拓展阶段。第一阶段中，学生可以了解特定情形和问题，了解与情景相关的内容与规范，发现并理解特定的问题解决方案。这些均是与案例事件的特点有着直接的关联。第二阶段才是案例研究追求的本身，即超越案例本身的普遍性命题，对观点、立场、行为方式、事物间的联系进行深化，使其适应更广的情境。

案例教学法的主要步骤为：典型案例选取——案例引入——案例介绍——问题设置——分组讨论——学生解答问题——案例讨论总结——课后作业布置——教学效果评价。共9个步骤，第一步是在教师上课前进行，最后一步是在课后完成。

4.2.1　案例设计　　案例教学法的成败取决于案例设计的优劣，设计一个好的案例是一个技术性很强的复杂过程，需要付出艰苦的努力。一个案例需要若干教师共同讨论、反复修改才能完成。设计出一个好的项目是一件费时费力的事情。据了解，美国哈佛案例的版权费是每个案例大约500美元，每位学生的使用费用大约2美元。案例的编写需要资金支持，形成案例库，教师在教学时可以选择不同的案例。另外随着学校教学设施和教学管理的改进，案例也应随之改善提高或者重新设计。

案例的类型有：

① 信息式案例：收集信息形式的案例；

② 问题式案例：以调查解决问题的能力为主的案例；

③ 陈述式案例：叙述一个事件情景的案例；

④ 决策式案例：体现更多解决问题的案例；

⑤ 条例式案例：把案例涉及的背景、问题、解决方法、评论等排列起来而写出的案例。

⑥ 实录式案例：把实际发生的事件原原本本地记录下来，最后提出一系列供参考、讨论的问题的案例。

选择合适的案例必须倾向于对资料进行归纳分析，要以大量细致的研究为基础，选择充满内部矛盾、存在相互冲突、看似无法解决的事件。

案例应当具有代表性、典型性，即通过它能说明普遍规律。同时案例还应具有一定的难度，学生必须通过思考才能做出结论。例如在讲授园林生态学课程中的白色污染时，可以通过2008年6月1日起执行的"限塑令"这个案例进行讲解。"限塑令"是关系公民切身利益的一项政策，大家都非常关注，"限塑令"背后所反映的生态问题足以引起学生的思考。总之，教师在精选案例时，要反复斟酌，选取最合适的案例来说明问题，这样才能真正提高学生的兴趣，促进学生能力素质的提高。

案例可以是教师现场拍摄的设计作品，也可以是从各类文献资料或网站上收集整理的资料。

4.2.2　实施条件　　进行案例教学需要有一个完善的案例库。

案例教学是在一个开放的环境里进行的，教学过程可能出现各种问题，因此实施案例教学法对教师有较高的要求。教师在课前要选择好适当地案例，拟定好讨论题，在教学过程中，能安排和组织好各个环节，促使学生积极地进行资料收集、案例思考和整理；在讨论过程中能创造和维护良好的讨论环境和氛围，激发学生的活跃讨论，启发学生的创造性思维；具有扎实的专业知识，有一定的企业实践经历，能及时提供信息和帮助，随时解答疑问。

4.2.3　教学设计和实施

（1）案例编写　　研究和编写一个好的案例，需要较长时间的准备，案例内容的选择需要一定的技能和经验。案例具有一定的共性，共性能使同学们提炼出事物的规律。

（2）学生自行准备　　一般在分组讨论前1~2周，把案例材料提供给学生，让学生阅读案例，查阅相关资料，搜集必要的信息，积极思考和分析，对案例中涉及的专业知识和综合知识有一个形象的认识和总结，并初步形成关于案例中问题的原因分析和解决方案。对案例中提出的问题，有一个深度的思考，并初步形成自己的看法。在这个阶段，教师可以提供参考资料目录，可以提出多个思考讨论题。

（3）引入案例　　上课时首先教师检查学生课前准备情况。主要由学生小组陈述。然后引入案例。可以对案例的背景、特点进行简单介绍，对案例难点可作引导性提示。案例呈现给学生的时间、方式可根据学习目标、案例形式的不同而不同。呈现的时机可以是讲授知识之前，也可以在讲授知识之后。案例呈现的形式可以用以下几种方式：

①发给每位学生纸质文字材料；

②用投影仪投放于屏幕；

③播放案例录音；

④教师或学生生动形象地描述案例；

⑤多媒体呈现；

⑥用现有的环境制造案例等。

需要注意的是，案例引入要简明扼要，不可太多传递教师的主观评价，要给学生留更多的思考空间。如在讲解白色污染时，利用大量图片引入案例"限塑令"，并简单介绍这项政策提出的背景以及实施的情况。

（4）问题设置　　问题可以针对某个案例进行设置，也可以综合多个案例设置。进入情境和独立探索，将学生引入一定的问题情境并让学生独立探索。案例教学的实质是"以问题为中心的研究性学习"。案例中包含了多个问题，同时也包含了多个解决方案。要让学生围绕这些问题边看案例边思考。案例教学是否成功进行，问题的创设为关键环节。

（5）分组讨论　　案例教学把学生分成几个小组，各个小组以他们各自有效的方式组织活动，并针对案例达成小组共同意见，且选出小组发言人。讨论时可以每组侧重于一个问题进行重点讨论。讨论时教师要深入到每一组倾听学生的看法，鼓励引导所有学生参与讨论。

案例讨论一般围绕问题展开，讨论的顺序不一定按问题提出的顺序进行。案例讨论时，居于核心地位的是案例中所包含的高影响力的问题。问题讨论时，学生要进行意义构建，不一定有确切的答案或结论，但解决问题的种种可能性及障碍已经被教师预见和了解。

在讨论的过程中，学生是主体，教师应更多地激发学生的主动性，鼓励学生思考与发言。讨论时，学生往往会有不同的意见和看法，对于不同的意见，教师应一一给予点评，允许多元化思想的存在。案例讨论是整个案例教学中最关键的环节，可以很好地引导学生独立自主地去思考、探索、解决问题。小组讨论可拓宽学生的思维，有利于在讨论过程中培养学生的团队合作精神。

（6）小组集中讨论并回答问题　　这个阶段在课堂进行。各个小组轮流发言，并规定发言的时长范围。各个小组发言人发表本小组对于案例学习的心得，并发表案例中出现的问题的分析和处理意见。发言完毕后，接受其他小组成员的询问并作出解释，本小组所有成员都可以回答问题。这个过程中，教师充当组织者和主持人的角色。

（7）总结阶段　　这个阶段，每个学生自己进行思考和总结，既总结专业相关的规律和经验，也总结获取这种知识和经验的方式。可以形成一个书面的总结报告，这样学生的体会会更深，对案例以及案例反映出来的各种问题有一个更加深刻的认识。教师也应进行总结，包括对案例材料的改进建议，对教学过程组织和控制的经验。

（8）布置课后作业　　针对课程内容、讨论情况、教学时间设置等情况布置作业。课后作业是对案例教学的深化，学生也可以通过资料的收集、查阅扩大、巩固自己的知识。

（9）效果评价　　主要是通过问卷、访谈等形式针对本次案例教学法的运用教学效果、对学生能力培养情况进行评价。

在案例教学中，教师要扮演 3 种不同的角色：①编剧。要在课前选择好适当的案例，拟定好讨论的题目。②导演。组织安排好案例讨论的课题秩序，积极创造良好的讨论环境和气氛。③点评专家。对学生在案例分析与讨论中的表现做出合理的点评与总结。

5　案例教学法的适用范围

案例教学法是一种致力于提高学生综合素质、面向未来的教学模式。它并不是一种万能的教学方法，有一定的适用范围。

5.1　广泛适用于职业教育形式　　案例教学的产生是社会不断发展对职业教育形式提出的要求。从应用效果较好的领域可见，案例教学法比较适合人文社会科学领域或医学教育领域。从我国实施情况看，也适宜以管理、决策、沟通能力为重点的综合素质工程类院校人才培养中应用。

从教学内容和希望实现的教学目标来看，案例教学法非常适用于技能和能力的培训，特别有利于提高学习者分析和处理实际问题的能力，这是讲授型、自学型等教学方式所望尘莫及的。对于技能性强的教学内容，关键在于学生以主体身份参与和实施的过程。

5.2　主要适用于具有创新精神的研究型教师　　案例教学法中案例没有固定的标准答案。从事案例教学的教师要有实用性研究的眼光、探寻的精神来审视案例中所涉及问题的解决方案。教师要驾驭课堂，面对学生五花八门的提问和发言，既需要渊博的知识，更需要开阔的创新性思维。案例教学中主角是学生，教师只是个"导演"，但要做好包括案例解读、讨论引导、适时发问、场面控制等工作，不是传统教学中教师只需备好教科书的内容就能胜任，它要求教师必须具备丰富的知识、良好的课堂驾驭能力、丰富的案例教学经验等。所以从事案例教学的教师应该是经过良好训练的研究者。

5.3　适用于具有一定基础知识、素质全面的学生　　案例教学的目的主要是培养学生的综合能力，强调的是学生主动参与。案例教学中主角是学生，学生必须有一定的功底，这个功底就是学生在分析案例时所需要的相关理论知识，没有这些基础，教师在课堂上无论怎样启发、怎样引导，作为"主角"都难以入"戏"。因此，在一定程度上讲，对本科低年级的学生或者相关理论课程未学的学生，并不适宜采用案例教学。

另外，学生还需要掌握恰当的沟通及讨论技巧。学生要在有限的时间内做到简明扼要、重点突出、条理清楚、论据充分地阐明自己的观点。对待别人的不同意见既要"辩"，又要做到理性地对待，即正视持不同观点者意见的客观性、以完善自己的解决方案，同时要防止出现舍本逐末、忽视问题的本源和主要矛盾，将注意力集中于细枝末节情况的出现。学生还要适应因为信息不完备而感到所讨论问题面临太多的不确定性，以及在讨论之后没有针对问题提出唯一正确的解决方案的情形，这些都需要学生具有较全面的素质。

作为学生，关键是思考、辨析和决策；对于教师，则在于提问、倾听和点评。

第二节　案例教学法应用

【学习目标】通过案例教学法的实例掌握案例教学法的教学过程和实施步骤，能够结合专业教学内容进行该教学法的教学设计和组织实施。

教学案例一　《园林绿地规划设计》课程中的道路景观设计

【教学内容】唐山南湖公园迎宾大道道路设计。

【教学目标】

知识目标：掌握道路景观设计的内容、道路景观设计的方法、道路景观设计成果的表达方式。

能力目标：培养学生收集信息、分析信息的能力；培养学生观察事物的能力、思维能力、事物评价能力、学习参与能力、团队沟通能力、口头表达能力。

情感目标：提高学生专业兴趣，有创新思维。

【教学环境】案例材料装订册、多媒体课件、多媒体教学系统。

【教学对象】园林三年级学生。

【教学过程】

1　典型案例的选取

这是案例教学能够实施的基础条件，教师课前准备好。

本案例教学选取北京正和恒基滨水生态环境治理有限股份公司的设计——唐山南湖迎宾大道景观设计。此案例符合课程教学内容，能够满足教学目标的要求，使学生从工作实际中的道路景观设计方案入手理解和掌握道路景观设计中设计师要面对的机遇和挑战，道路景观设计的难点和重点，道路景观设计方案的成果体现。该设计见图 4-1～图 4-14。

2　案例介绍和问题设置

集中上课时对案例进行介绍，并提出相关问题。提供参考资料目录。

对案例的背景和案例的主要特点做简单扼要的介绍，使学生更容易掌握案例实质。对案例的难点可做引导性提示，使学生在讨论环节时能较快的切入。案例呈现给学生的时间和方式可以因教学目标、案例形式的不同而有所不同。本案例教学法采用发放纸质材料和多媒体呈现相结合的方式给学生呈现案例。

目　　录

一、项目背景
　1.1　区位分析
　1.2　现状分析及设计范围
　1.3　周边城市用地功能分析
　1.4　道路空间结构分析1
　　　　道路空间结构分析2
　1.5　南湖生态城的城市空间结构及地标分析
　1.6　迎宾大道的沿途空间特征分析图
　1.7　唐山市城市主要道路结构分析
　1.8　高压走廊项专分析
　1.9　SWOT分析
二、定位及概念
　2.1　设计理念
　2.2　设计元素
　2.3　概念阐述一
　2.4　概念阐述二
　2.5　景观结构构思
三、　方案设计
　3.1　总体结构设计
　3.1.1　西外环高速节点
　3.1.2　西外环高速节点

　3.2.1　迎宾序列段平面图
　3.2.2　迎宾序列段效果图
　3.2.3　迎宾序列段植物意向选择
　3.3.1　环城路节点平面图
　3.3.2　环城路节点效果图
　3.3.3　铁路桥节点效果
　3.3.4　城际高铁节点效果
　3.3.5　城际高铁人视效果
　3.4.1　生态展示段平面图（一）
　3.4.2　生态展示段效果图
　3.4.3　生态展示段效果图
　3.4.4　生态展示段平面图（二）
　3.4.5　生态展示段效果图
　3.4.6　生态展示段效果图
　3.4.7　生态展示段植物选择
　3.5.1　滨河公园段平面图
　3.5.2　滨河公园段平面图
　3.5.3　滨河公园段效果图
　3.5.4　滨河公园段效果图
　3.5.5　滨河公园段效果图
　3.5.6　滨河公园段效果图

　3.5.7　滨河公园段人视图
　3.5.8　滨河公园段人视图
　3.5.9　滨河公园段断面图
　3.5.10　驳岸样式
　3.6.1　西电路节点
　3.6.2　西电路节点
　3.7.1　中央隔离带
　3.7.2　中央隔离带效果
　3.7.3　中央隔离带意向
四、专项设计
　4.1.1　种植设计
　4.1.2　苗木选择
　4.1.3　种植意向
　4.1.4　种植群落
　4.2　竖向设计
　4.3.1　雨水收集
　4.3.2　雨水收集意向
　4.4　夜景照明
　4.5.1　城市道路景观设计研究
　4.5.2　城市道路景观设计研究
　4.5.3　道路建议
五、投资估算

图 4-1　项目设计的主要内容

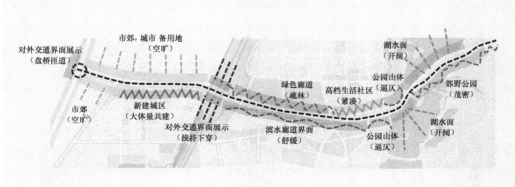

图 4-2　南湖迎宾大道沿途空间特征分析

　　西起外环高速路，东至西电路，沿途穿越城市功能区。紧邻道路30m绿地的城市用地相对多样：有备用的城市发展用地，有丰南区的政府管理用地，有滨河公园绿地，有南湖以及丰南区高档居住区等，这些多样的用地给迎宾道的景观设计提供了丰富的大背景。设计充分结合了各路段的基地特征，做出各路段的亮点，做到迎宾道景观设计在统一中又有变化。

　　此外，作为迎宾路段，为了与唐胥路段的开阔大空间大景观形成对比，该段的路景观空间相对围合，以起到抑扬先抑的作用。

南湖迎宾大道景观营造的SWOT分析：

优势：

· 沿线优美的自然田园风光——自然风光优势
道路尽段为南湖生态公园——自然生态优势
· 道路东侧远端为垃圾山公园——立面层次丰富优势
· 道路西侧从西外环高速公路立交桥驶入城区——空间高低起伏优势

劣势：

· 北方冬季时间长且寒冷，植物吕种尤其常绿植物可选品种较少，不利于景观的营造
· 沿线南侧为高压走廊，不利于苗木的选择与应用
· 规划道路交叉口太多，不利于车辆驾驶、提速
· 道路与京山铁路、高速铁路（在建）立交，竖向上不利于景观改造

机会：

· 连接唐山机场和南湖生态城的第一生态廊道
· 南湖生态城已经成为唐山的城市名片
· 区域的发展需要一条景观性与功能性相统一的展示通道

威胁：

· 迎宾大道给人以城市的第一直观感觉，往往是小品雕塑等硬质景观的堆砌
· 普遍道路绿化忽略了车速的因素，空间尺度变化不丰富
· 道路绿化多采用模纹种植，后期养护费用大

唐山市南湖迎宾大道景观设计
LANDSCAPE DESIGN OF NANHU YINGBIN AVENUE IN TANGSHAN

图 4-3　南湖迎宾大道景观营造的 SWOT 分析

生态新城的红地毯 · 通往自然的风景线

· 迎宾系列的前导空间

· 营造一个喜庆的气氛

· 展示城市的第一印象

· 引导宾客从城市空间环境及心理两个层面进入城市中心区

唐山书南湖迎宾大道景观设计
LANDSCAPE DESIGN OF NANHU YINGBIN AVENUE IN TANGSHAN

图 4-4　设计理念

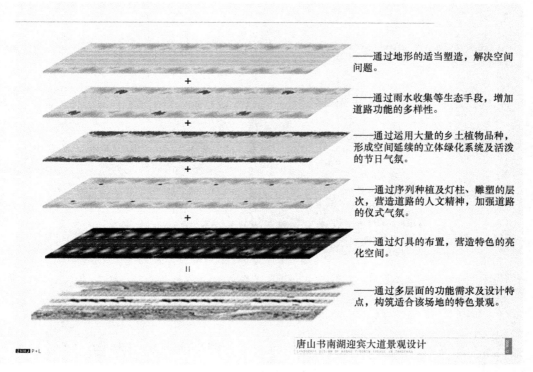

——通过地形的适当塑造，解决空间问题。

——通过雨水收集等生态手段，增加道路功能的多样性。

——通过运用大量的乡土植物品种，形成空间延续的立体绿化系统及活泼的节日气氛。

——通过序列种植及灯柱、雕塑的层次，营造道路的人文精神，加强道路的仪式气氛。

——通过灯具的布置，营造特色的亮化空间。

——通过多层面的功能需求及设计特点，构筑适合该场地的特色景观。

唐山书南湖迎宾大道景观设计

图 4-5　道路景观结构构思

南湖迎宾大道的景观结构分为："一带、三带、三节点"式结构。

西外环高速节点"迎宾序列段""生态展示段"环城路节点"滨河公园段"　　西电路节点

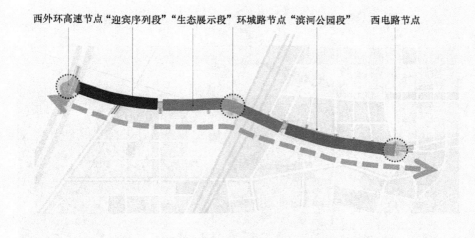

唐山书南湖迎宾大道景观设计

图 4-6　总体结构构思

西外环高速节点：结合雨水收集，塑造观赏和功能为一体的特色道路转换空间。

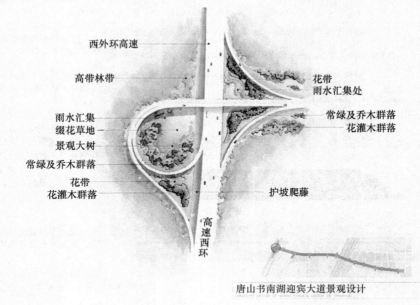

西外环高速
高带林带
雨水汇集
缀花草地
景观大树
常绿及乔木群落
花带
花灌木群落
高速西环
花带
雨水汇集处
常绿及乔木群落
花灌木群落
护坡爬藤

唐山书南湖迎宾大道景观设计

图 4-7　西外环高速节点设计平面

唐山书南湖迎宾大道景观设计

图 4-8　西外环高速节点设计效果

迎宾序列段平面图（标准段）
——营造一种以自然立体林带为背景，序列栽植为特色的种植空间，以挺拔的银杏和银中杨为序列树阵，塑造迎宾序列的效果。

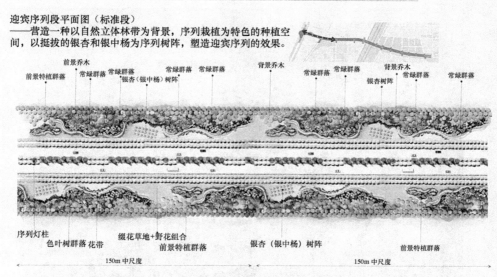

• 种植形式为复层式种植过渡，植物色彩以绿色为基调，金黄色为主色调，选用油松、银中杨、白蜡、黄金槐等为骨干树种。
• 典型群落配置：银中杨+油松+金枝国槐，银杏+缀花草地+野花组合等

唐山书南湖迎宾大道景观设计

图 4-9 迎宾序列段设计平面图

生态展示段平面图（标准段二）
——此地段主要在开敞部分结合了雨水收集及小品的设置，增添了道路的多功能展示性。

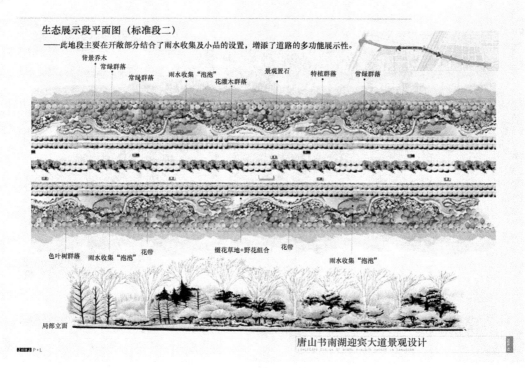

唐山书南湖迎宾大道景观设计

图 4-10 道路生态段设计

结合连通渠的走向及与道路的边界,充分保证视觉通廊直达至水面。

唐山书南湖迎宾大道景观设计

图 4-11 滨河段设计

设计中,为更好的引导车行视线至水面,建议把人行道的标高降低,一方面满足行人的亲水性,一方面保证视觉通廊。

唐山书南湖迎宾大道景观设计

图 4-12 滨河段设计人视图

种植设计：

- ·品种筛选——打造特色的风景道，保持色彩的统一性
- ·种植形式——具有动感的"林溪·花溪"种植形式及林荫道效果
- ·树种搭配——乔、灌、草不同群落的交错种植
- ·季相景观——突出四季的不同观赏价值

种植色相分析示意图

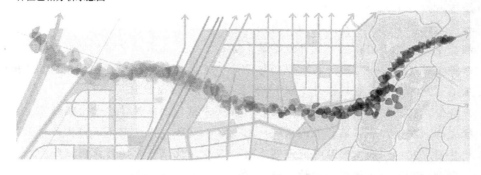

图 4-13 种植专项设计

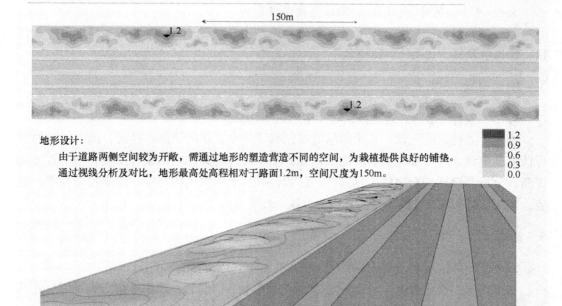

地形设计：

由于道路两侧空间较为开敞，需通过地形的塑造营造不同的空间，为栽植提供良好的铺垫。

通过视线分析及对比，地形最高处高程相对于路面1.2m，空间尺度为150m。

图 4-14 竖向设计

根据案例提出如下问题：

① 道路景观的特点是什么？

② SWOT 分析方法的关键？

③ 线形景观空间的局限？

④ 道路节点设计的要点？

⑤ 本案例设计的成功之处？

⑥ 本案例需要改进的地方？

参考资料目录：

城市绿化条例［中华人民共和国国务院令第 100 号］

胡长龙. 2010. 园林规划设计理论篇［M］. 3 版. 北京：中国农业出版社.

李铮生. 2006. 城市园林绿地规划与设计［M］. 2 版. 北京：中国建筑工业出版社.

王浩. 2009. 园林规划设计［M］. 南京：东南大学出版社.

王晓俊. 2009. 风景园林设计［M］. 3 版. 南京：江苏科学技术出版社.

徐文辉. 2014. 城市园林绿地系统规划［M］. 2 版. 武汉：华中科技大学出版社.

杨赉丽. 2013. 城市园林绿地规划［M］. 3 版. 北京：中国林业出版社.

杨向青. 2001. 园林规划设计［M］. 南京：东南大学出版社.

中华人民共和国建设部. 公园设计规范：CJJ 48—92［S］北京：中国建筑工业出版社.

中华人民共和国住房和城乡建设部. 城市道路设计规范：CJJ 37—2012［S］. 北京：中国建筑工业出版社.

期刊：《中国园林》《园林》，相关高校学报等。

相关园林网站：网易、筑龙网、景观中国网、中国园林网、河北园林网、园林在线网、园林学习网、众设计师的博客等。

3　学生自行准备

每个学生自行进行。这是案例教学中的重要环节。

首先，通过集中上课，每个同学对案例有了一个初步的了解；接着，课下对案例进行认真的解读，并对参考资料的相关内容详细学习，对案例中的设计方案有一个自己的评断，分析其设计的合理性、创新性；然后，针对老师提出的问题，逐步找出答案；最后，总结道路景观设计的内容、方法、步骤、表现形式。

4　分组讨论

以小组为单位活动。这是案例教学中的重要环节。

将班内学生按照每组 4~6 人分组，每组设组长 1 人。组长组织本组人员采用有效的方式进行活动，并形成小组共同意见，选出小组发言人 1 人。

在这个环节中，每个学生都应踊跃发言，逐个充分表达自己的看法。并可对其他组内成员的观点质疑，互相深入探讨。最后组内形成统一的意见，某些达不成一致建议的观点，可形成该问题的几点看法。选出的小组发言人将代表本小组在全班集体讨论中发言。

5 集中讨论

此内容在教室统一进行。

教师充当组织者和主持人的角色。各个小组轮流发言，并规定发言的时长为15～20min。各个小组发言人发表本小组对于案例学习的心得，并对设置的问题逐一回答。发言完毕接受其他小组成员的询问并作出解释，本小组所有成员都可以回答问题。

6 评价与总结

每个学生形成一个书面的总结报告。

报告内容包括案例中体现的专业知识、形成的有效学习方法、表达和沟通能力的技巧。教师也应进行总结，包括对案例材料和问题设置的改进建议，对教学过程组织和控制的经验。

教学案例二 盛花花坛设计

【教学内容】

① 盛花花坛的特点。

② 盛花花坛设计（包括图案设计、植物选择、色彩设计）特点和要求。

③ 盛花花坛设计图的绘制。

④ 巩固园林基本制图标准。

⑤ 教学重点是对适宜布置盛花花坛花卉的观赏特性熟练掌握，主要是花卉识别。课下引导学生积累花卉感性认识，同时利用课上多用实物照片展示花卉观赏效果。教学难点是在熟悉花卉观赏特性的基础上进行盛花花坛设计。

【教学目标】

知识目标：了解盛花花坛的特点；掌握盛花花坛设计的方法；掌握盛花花坛设计图绘制的要求和方法。

能力目标：熟练掌握园林制图绘图规范及方法；能够较熟练地选择符合要求的布置盛花花坛的花卉种类；较好地进行盛花花坛的图案设计和色彩设计，并规范绘制设计图；培养学生收集信息能力；培养学生独立思考问题、解决问题的能力；培养学生语言表达能力、沟通能力、团结协作能力；掌握实践教学法的教学过程与方法。

情感目标：培养学生的专业兴趣及团队精神；有创新思维。

【教学环境】多媒体教室。

【教学对象】园林专业本科二年级学生。

【教学过程】

主要步骤：典型案例选取——案例引入——案例介绍——问题设置——分组讨论——学生解答问题——案例讨论总结——课后作业布置——教学效果评价。共9个步骤。

1 准备阶段

教师准备：选取案例。根据教学目标和教学内容，选取以下案例。

如"山"的花坛

2013年,根据学校的委派,园林专业师生接到一项花坛设计任务。在学校一号教学楼前(6层U形,白色瓷砖墙体为主)广场设计布置一个花坛,要求该花坛在春、夏、秋三季均能观赏,成本合理。接到该项任务后,园林专业教师为充分发挥学生的创造性,同时锻炼学生的实践能力,将该任务的设计内容交给园林三年级学生(已经学习过花卉应用),个人或小组进行设计,从中选优实施。下面是一位同学的设计(图4-15~图4-17、表4-1~表4-3):

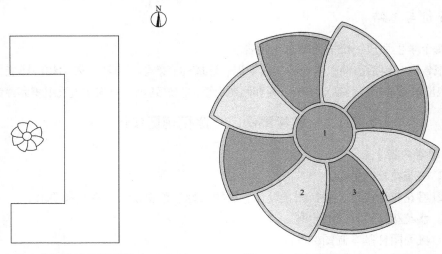

图4-15　花坛设计总平面图（1∶500）　　　　图4-16　花坛平面图（1∶100）

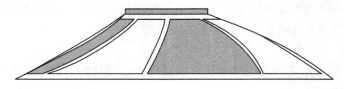

图4-17　花坛立面图（1∶100）

三季图案不变,植物应用改变。

表4-1　春季植物材料用表

序号	中文名	拉丁学名	花色	花期（月）	株高（cm）	用花量（株）	备注
1	郁金香	*Tulipa gesneriana*	红	3～5	40	3.14×40	
2	三色堇	*Viola tricolor*	黄	3～5	20	32×25	
3	矮牵牛	*Petunia hybrida*	堇紫	4～10	20	32×25	
4	绿草	*Alternanthera bettzickiana*	绿	常年观赏	20	12×300	

表4-2　夏季植物材料用表

序号	中文名	拉丁学名	花色	花期	株高（cm）	用花量（株）	备注
1	金娃娃萱草	*Hemerocallis fulva* 'Golden Doll'	黄	6～10	40	3.14×16	
2	非洲凤仙	*Impatiens wallerana*	粉	5～10	30	32×25	
3	四季秋海棠	*Begonia semperflorens*	红	5～10	30	32×36	
4	绿草	*Alternanthera bettzickiana*	绿		15	12×300	

表 4-3 秋季植物材料用表

序号	中文名	拉丁学名	花色	花期	株高（cm）	用花量（株）	备注
1	一串红	*Salvia splendens*	红	5～10	30	3.14×25	
2	万寿菊	*Tagetes erecta*	黄	5～10	30	32×25	
3	小菊	*Dendranthema morifolium*	橙	9～10	40	32×36	
4	天门冬	*Asparagus cochinchinensis*	绿		20	12×16	

学生准备：查阅关于花坛设计的资料，掌握适合布置花坛花卉的观赏特征；到学校一号教学楼实地考察，包括估测场地面积及纵横长度。

案例选择分析：

（1）该案例紧紧贴合教学内容与教学需求　本案例能够满足教学目标要求，学生能够从盛花花坛的设计中掌握盛花花坛的特征、适宜植物的选择、图案设计、色彩设计的方法；巩固园林设计绘图的规范；了解花坛设计的注意事项。

（2）案例典型，题目吸引人　案例以学生熟悉的场地为例，使学生能身临其境，充分感受实际项目的环境。

（3）案例中的"问题"设置比较合理　能够把学生设计时易发生问题隐藏于案例中，通过案例分析，使学生印象深刻：本案例中，春季花坛中矮牵牛自然花期不在春季，需要在备注中或设计说明中写明需要花期调控；夏季花坛中'金娃娃'萱草花期不集中、花朵不够繁茂，不适合盛花花坛布置；秋季花坛中小菊用花量太大太密，每平方米中定植36株不符合花卉本身特性；立面效果图中，按图示的比例，该花坛的高度达到2.6m，不符合观赏要求，因此题目为如'山'的花坛。

2　案例引入

上课时首先教师检查学生课前准备情况。主要由学生小组陈述：①布置盛花花坛的花卉材料，常见种类；②盛花花坛与模纹花坛的区别；③学校一号教学楼前广场的大小、教学楼的风格、主体色彩；④盛花花坛的常用配色方案。

然后引入案例。可以对案例的背景、特点进行简单介绍，对案例难点可作引导性提示。呈现的时机可以是讲授知识之前，也可以在讲授知识之后。本次教学案例呈现以课件形式展示。

3　问题设置

案例教学法中的问题可以针对某个案例进行设置，也可以综合多个案例设置。进入情境和独立探索，将学生引入一定的问题情境并让学生独立探索。案例教学的实质是"以问题为中心的研究性学习"。案例中包含了多个问题，同时也包含了多个解决方案。要让学生围绕这些问题边看案例边思考。案例教学是否成功进行，问题的创设为关键环节。

本次课设立问题时，主要考虑以下因素：①紧扣教学的目的。提出的问题要符合案例的主体，能够揭示案例所要的本质内容，符合案例的目的性和针对性；②提出的问题能引起学生的讨论兴趣，符合学生认知水平，问题应有问有答，给人思考和启发；③问题要具体，便于学生有言可发、切中要害；④变化提问的角度，训练学生的发散思维。

针对本次课可以提出以下问题，并由教师自然提出：

①该设计的优缺点有哪些？

②该设计方案中三季景观哪一季设计较好？为什么？

③该设计的植物选择方案是否合理？你若设计选择哪些种类？

④该设计的色彩运用如何？你有没有更佳方案？

⑤该设计图案设计创意如何？

⑥为什么叫"如山的花坛"？

4　分组讨论

5～8人一组进行讨论。讨论时可以每组侧重于一个问题进行重点讨论。讨论时教师要深入到每一组倾听学生的看法，鼓励引导所有学生参与讨论。

案例讨论一般围绕问题展开，讨论的顺序不一定按问题提出的顺序进行。案例讨论时，居于核心地位的是案例中所包含的高影响力的问题。问题讨论时，学生要进行意义构建，不一定有确切的答案或结论。

5　学生解答问题

每组派代表对讨论的主要问题进行解答，其他组进行补充，也可以对有异议之处进行辨析。

第一组……

第二组……

6　案例讨论的总结

教师针对案例中的关键点、讨论中存在的长处、不足进行总结。对不足之处课后可以设置问题，引导学生在这些方面作更多思考和探讨。

7　布置课后作业

针对课程内容、讨论情况、教学时间设置等情况布置作业。课后作业是对案例教学的深化，学生也可以通过资料的收集、查阅扩大、巩固自己的知识。

本次课后可以布置作业：每人针对一号教学楼前广场进行盛花花坛设计。

【效果评价】主要是通过问卷、访谈等形式针对本次案例教学法的运用教学效果、对学生能力培养情况进行评价。

根据园林专业自身的特点，案例教学法一般在课程的部分章节结束或理论内容全部讲授完之后进行。另外，根据不同课程，案例教学引入量和引入次序可以变化。而且根据呈现给学生的案例性质不同，案例教学过程也可以有所不同。

案例教学一方面能较好地填补学生实践经验不足的空白，另一方面能在很大程度上提高学生综合能力素质。案例教学法往往通过一个或几个独特而有具代表性的案例，让学生阅读、思考，在分析和讨论中，建立起一套适合自己的完整而又严密的逻辑思维方法和思考问题的方式。即教师呈现给学生的并不是一个已定的答案，而是一条通向答案的路径。例如它能将某一个真实的设计作品展现出来，全方位地展示某一个具体的施工现场、施工流程，让学生有一种身临其境的感觉，然后在思考、讨论的过程中主动地发现问题、解决问题，这样做到了真正意义上的学以致用。

第五章　项目教学法

【摘要】项目教学法是一种体现理实一体化特征的行动导向教学法，其内容来源于工作岗位，特别适合园林专业的职业教育教学，尤其适宜应用技术类课程，如园林工程、园林规划设计、花卉应用、插花艺术的应用等。

第一节　项目教学法介绍

【学习目标】了解项目教学法的概念和内涵，理解项目教学法的特点和教学意义，掌握项目教学法的步骤。

1　项目教学法的概念

项目教学法萌芽于欧洲的劳动教育思想，最早的雏形是 18 世纪欧洲的工读教育和 19 世纪美国的合作教育，发展完善于德国。2003 年 7 月德国联邦政府教育部职教所制定了以行动为导向的项目教学法，将项目教学作为一种教学模式在全德推广。在我国项目教学是随着与国外的职业教育合作项目被引进的，目前已在职业教育领域得到应用，许多学者总结了项目教学的实践得到很多研究成果。政府层面上"项目导向"出现在教育部教高［2006］16 号文件中，本文件成为项目教学推广的助推器。

项目教学可以是一种教学模式，也可以是一种课程模式即项目课程。作为一种课程模式是理实一体化的课程，当然其适宜的教学方法是项目教学法；作为一种教学模式则是一种最能体现理实一体化特征的行为导向的教学方法，它与任务引领型教学方法有相似之处，但其行动项目来源于实际工作岗位，特别适合于学习应用技术类的课程，因此在高等教育教学改革中是一种很有价值、值得大力推广应用的教学方法。

从理论上讲，项目教学法是一种几乎能够满足行为导向教学所有要求的教学培训方法，因此从其诞生之日起，就受到教育和培训界人士的欢迎。目前，我国的职业教育正在进行轰轰烈烈的课程改革，来源于德国职业教育成功典范的行为导向教学理念正为越来越多的教师所认可，而作为实施该教学方法的重要形式之一的项目教学法也备受广大教师重视，许多人在教学过程中进行了有益的探索。

项目教学法中的"项目"是指某项物质产品、服务或决策，在园林中一个项目可以是一套方案图或施工图甚至某一专项设计、一个施工工程或者一个苗圃规划。

要完成某项产品、服务或决策需要一个完整的工作过程，一个工作过程有若干个工作环节即工作任务所组成。项目教学法就是在老师的指导下，将一个相对独立的项目交由学生自己处理，信息的收集、方案的设计、项目实施及最终评价都由学生自己负责，学生通过该项目的进行即项目学习来了解并把握整个工作过程及每一个任务环节的基本要求。

　　德国的项目教学法是将整个学习过程分解为一个个具体的工程或事件，设计出一个个项目教学方案，按照行动回路设计教学思路。这样的教学方式不仅传授给学生理论知识和操作技能，更重要的是培养他们的职业能力，涵盖了如何解决问题的能力，包括知识能力、专业能力以及与人协作和进行项目动作（如生产组织、售后服务等）的社会能力等几个方面。

2　项目教学法的内涵

　　一般项目教学法先将某门专业课程的内容分解为职业岗位中的常见工作任务，再将这些工作任务组合起来形成若干技术单元或技能单元，每个技术单元或技能单元作为一个工作项目，同时也是教学项目，实行理论、实践一体化的单元式教学，每个教学单元都以应用该项技术或技能完成一个作业即一个项目来结束。这种教学方式简言之就是师生为完成某一具体的工作项目而展开的教学行动。在这里项目是载体，工作任务是学习内容，完成项目这一行动是学习方式，也就是说行动是学习方式。一般来说在学生正式开始项目之前教师应教授支撑该项目的知识点，学生在完成项目的行动中复习、进一步理解这些知识点并运用之解决当前的问题，所以项目教学法不仅学到了知识性内容，同时也训练了应用这些知识解决问题的技能，最重要的是这种技能也正是未来的职业岗位所需要的。

　　项目教学法以认知主义学习论、建构主义学习论、情境教学论、人的全面发展观等为理论基础，是一种以学生的发展为本、能最大限度地发展学生能力的教学方法。项目教学法不是简单的让学生通过教师的讲授和安排去得到一个结果，不再把教师掌握的现成知识技能传递给学生作为最终目标，而是学生在教师的指导下寻找得到这个结果的途径并最终得到这个结果、展示项目成果和自我评价，学习的重点在于学习过程而非学习结果，所以学生在这个过程中能锻炼各种能力。这种教学法关键的是学生的"行动"，由于学习项目与未来工作相联系，能够激发学生的学习兴趣和学习行为。教师也不再处于教学中的主体地位，而是成为学生学习过程中的引导者、指导者和监督者。而对于支撑项目完成的知识点要强化"怎么干""怎么才能干得更好"的知识，至于"是什么"和"为什么"的知识则根据学校实际情况可以淡化也可以与前者同等重要。

　　从上可以看出，项目教学法最适合于以应用技能培养为目标的课程，实施这一方法的成败在于项目的设计上，只有从实际工作岗位出发才能设计出能激发学生学习行为的好项目。总的来说项目教学法是一种体现理实一体化内涵、与实际工作相联系的教学方式。

3　项目教学法的特点

　　项目教学法的显著特点可概括为"以项目为主线、教师为引导、学生为主体"，改变了以往"教师讲、学生听"的灌输式教学模式，创造了学生主动参与、自主协作、探索创新的新型教学模式。其主要特点有以下几点。

3.1　目标指向的多重性　　对学生，通过转变学习模式——这种模式使得学生的主动参与程度大大提高——在主动积极的学习过程中激发学习兴趣和创造力，培养分析和解决实际问题的能力；对教师，在学生学习过程的参与和指导中不仅是知识传递者，更是学生学习的促进者、组织者和指导者；对学校，可建立全新的课程理念，探索课程模式、教学组织形式、教学管理、课程考核评价、教学支撑条件等的革新，逐步整合学校课程体系，提升学校的办学思想和办学目标。

3.2　课程总体课时短，见效快　　项目教学法通常是在一个短时期内、较有限的空间范围内进行的，由于学生的参与程度高，能够充分利用课后时间学习，所以课程课堂学习时间可以缩短，实现课堂学习课外化。又由于项目成果具体真实，其教学效果可测评性好。

3.3　可控性好　　项目教学法由学生与教师共同参与，学生的活动由教师全程指导，教师可以根据项目进行情况适当调整项目进行节奏，以有利于学生练习技能、完成项目。

3.4　注重理论与实践相结合　　项目来源于职业岗位，使得学校学习与企业工作实现对接，这就是学校学习与企业工作相联系；要完成一个项目，就要求学生从学习原理入手，应用原理分析项目特点、制订工作步骤，然后实施。而实践所得的结果又考问学生：是否是这样？是否与书上讲的一样？这就是书本知识与实际工作相联系。

3.5　注重完成教学过程　　在项目教学法中，学习过程是一个创造性的实践过程，注重的是完成项目的过程而不是最终的结果，因为有些学生显现训练的结果可能要滞后一段时间，另外学生若掌握了工作过程可以通过课后更多的自我练习来提高技能，从这个角度讲，过程的掌握比结果更重要。

3.6　学生为主体、教师为引导者　　在项目教学法中，学习模式的变化使得教师成为学生学习过程中的引导者、咨询者和监督者，学生可根据自身的情况在一定范围内自由决定学习的进度，教师在学生学习过程中时而以旁观者、时而以参与者、时而以咨询者的身份出现，教师不断转换各种角色，但始终让学生成为学习的主体。

4　项目教学法的教学意义

项目教学法改变了教师中心、教材中心、课堂中心的教学模式，不再简单地让学生按照教师的安排和讲授获得一个结果，而是在教师指导下，学生去寻找获得结果的途径并最终得到这个结果。教学内容具有跨学科的特征，能够锻炼学生的独立工作能力、沟通能力、团结协作能力等综合能力。

4.1　将学习和职业紧密结合　　学习的目的是为了应用，任何的学习都不可能完全复制工作世界的问题和任务。要使学习获得最大的效率，必须使学习者举一反三，将学习结果迁移到工作情境中去。知识的迁移不是自动发生，发生的条件是所学和所用共同元素的多少，共同元素越多，迁移越顺利。在教学中，这个"共同元素"就是教学内容的选择和教学内容的编排。

在传统的教学中，教学内容是按学科逻辑进行选择和编排，这和职业工作的实际情况差距很大。如进行酒店大堂的插花创作，按学科体系进行教学内容的选择和编排需要分别讲授花卉花材的基本知识、花材的处理、花器的选择、造型的原理等，虽然学习内容系统性强，但与实际的工作需求差距甚远，容易造成理论与实践的脱节。

在现实的工作中，职业活动一般不会仅涉及单一学科领域，而是以综合性工作任务出现，如上述的酒店大堂插花创作需要以下几个步骤和内容：考察了解酒店大堂空间环境（包括空间大小、陈设风格、主题色彩等）、酒店文化（包括经营理念、酒店级别、主体客人定位等），确定大堂摆放插花的位置，构思插花作品并确定造型特点、风格、大小、色彩，确定所需花材，进行创作。这些内容共同构成"创作一件插花作品"这一职业工作任务。在完成这个任务中学生一方面获取插花创作相关的基本理论知识，同时使插花创作与实际工作直接联系。项目教学法通过实施一个完整的项目来进行教学，项目所具有的综合性和工作过程特征，使所学和所用更紧密地结合起来，在学习中通过做项目来模拟将来职业领域的工作内容，强化"学"和"用"之间的共同元素，使知识迁移更加顺利。

4.2 对关键能力和人格培养的意义　　项目教学法是在专业教学中将普适功能教育目标（如方法能力、合作能力、独立解决问题能力、沟通能力、责任意识等）突出表现出来的教学方式。基于人格发展这一共同的教育目标诉求，项目教学法实施了一种基于完整人格发展的学习方式，使学习者获得职业工作所需的职业行动能力，并使其在社会生活中成为成熟的社会成员。

关键能力培养是人格发展的体现，关键能力应该在"做"中习得。职业行动能力指的是解决典型职业问题和应对典型职业情境并综合应用有关知识技能的能力。

项目教学法是一种完整性学习概念下的教学方法。一方面它强调学习过程的完整性，即包含完成任务的计划、实施、检查的3个循环阶段，使学生学习模拟工作过程；另一方面培养人才能力的完整性，既传授专业知识和技能，又培养学生的方法能力、社会能力和个性能力。

5　教学设计与实施

项目教学比较复杂，需要精心设计。设计项目教学法时，要从开发有效的项目教学、设计完整的项目进程等方面考虑。

5.1 项目设计　　项目教学法的成败取决于项目设计的优劣，设计一个好的项目是一个技术性很强的复杂过程，需要付出艰苦的努力。下面是关于项目设计要点的探索。

（1）分析工作任务　　一般将一个技术单元作为一个教学项目，有时一门课程形成一个大的教学项目，每个教学项目包含一个或几个工作任务。一般工作任务是在研究职业岗位工作要求后获得的，教师可以去企业调研，调查与课程相关的工作岗位有哪些，分析其工作步骤和工作内容，或者与企业员工研讨，找出职业岗位中最主要、最广泛的工作内容和工作步骤，这些工作内容和工作步骤就是每个项目所应包含的典型工作内容和工作步骤，然后依据工作内容或工作步骤确定典型工作任务，也就是教学内容，所以分析工作任务是设计项目的基础性环节。

（2）项目应覆盖所有工作任务　　以项目为载体组织任务时，项目和任务之间的对应关系是多样的，可以一个项目包含多个任务，也可以只包含一个任务，还可以一个任务对应多个项目。一个项目包含的多个任务之间可以是层进的也可以是并列的，一个任务包含的多个项目之间一般是并列的。不管设计几个项目，作为整体要覆盖所有的任务。

（3）选择项目类型　　项目类型有单项项目和综合项目、模拟项目和真实项目之分，一般根据项目中工作任务的多少和难易选择适当的项目类型，所含工作任务少的可设计为单项项目，所含工作任务多的可设计为综合项目；能设计为真实项目的就不选择模拟项目。

（4）合理确定理论学时和实践学时　　采用项目教学法也要教授理论知识，理论知识一般强调"如何做"，以"所学即所用"为理论知识选择的原则，其学时一般应和实践学时 1：1 左右，既不宜太多也不宜太少，太多则不能突出实践，太少则不够用。

（5）便于理实一体化学习　　项目中理论要和实践很好地结合起来，理论知识"所学即所用"，技能实践"所做用所学"，这样才能达到"做中学"的目的。如果其中一个偏多即不是好的项目。

（6）项目具有可操作性　　如果设计的项目脱离学校实际，学校无法提供所需的硬件设施或与现行教学管理相冲突或操作复杂，则项目是无效的，就不能实施。

（7）项目能激发学习兴趣　　一般真实的项目或与职业岗位接近的项目更能激发学习兴趣，因此教师要深入企业调研，以真实园林工程、园林植物生产或应用项目为基础，设计出既易于操作又能满足教学要求、能够激发学习兴趣的项目。

设计出一个好的项目是一件费时费力的事情，需要若干教师共同讨论、反复修改才能完成，学校如能提供资金支持，组织教师设计项目则有利于设计出好的项目，可以针对一个技术单元设计出若干个项目，形成项目库，教师在教学时可以选择不同的项目。另外随着学校教学设施和教学管理的改进，项目也应随之改善提高或者重新设计。

5.2 实施条件　　实施项目教学法对教师和教学设施都有较高的要求。对于教师要求有一定的企业实践经历，要熟知企业实际工作过程和环境条件，还要对项目教学法有一定的认识，能顺利实施这种教学法。

对于教学设施，要求教室与实践场所一体化，使得理论学习与实践操作在同一个场所里进行。例如园林规划设计采用工作室模式，要每个学生都有自己的实践场地，在实践任务没有完成之前学生的实践场地应是专有的。

由于一个项目的实施通常需要 5～6 个学时甚至更长的时间，一个项目最好能够一鼓作气连续进行直至完成，这样一开始激发起来的学习兴趣容易一致保持下去，有利于提高学习效果。如果还是以 2 个学时为一阶段，之后就结束本项目学习而转向其他课程的学习，这种间断式的进行每次都需要重新激发学习兴趣，"再而衰，三而竭"，几次之后学习兴趣逐渐减退，影响学习效果。再者，指导实践项目时每个老师适宜指导学生15～20 名，这样就需要配置更多的教师，或者采用小班授课。这些都要求教学管理做出相应的变化。

另外要提高教学效果还需要有能适合项目教学法的一体化的教材和参考资料。所以实施项目教学法需要有一定的条件，要求学校在各个方面能提供这种条件，如果条件一时不能完全达到则应适当修改项目设计，使之能够适合学校情况，能顺利实施，并尽可能保持教学效果。

5.3　教学设计　项目教学法的实施环节由以下几部分组成（图5-1）。

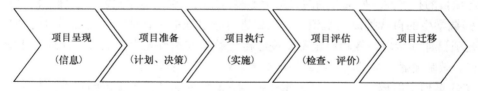

图 5-1　项目教学法的实施步骤

（1）项目呈现　通常由教师提出一个或几个项目设想，然后同学生一起讨论，最终确定完成项目的目标和任务。可以全班选取一个共同的项目，也可以各人（小组）从同类项目中选择不同的项目，这样可以通过选题来激发所有参与者的兴趣。

（2）学习相关知识　由教师讲授支撑该项目的理论知识，教师讲授时可以采用讲授法、举例法等各种适宜的方式，学生查找相关资料辅助学习。

（3）项目准备　教师提供关于拟完成项目的基础资料，如果采用真题项目，必要时可安排考察项目现场，教师还可以带领学生观摩类似项目，在此基础上学生制订完成项目的工作步骤和工作计划，教师或工程技术人员审核，提出修改意见，学生完善工作方案。

（4）项目执行　该步骤是主要工作，学生确定各自在小组中的分工以及小组成员合作的形式，然后按照已经确立的工作步骤和工作内容进行工作。在这个过程中，学生自主实施，教师充当咨询者和协调者的角色，协助完成项目。在这个过程中应有一些小的反馈步骤，使学生的经验和中间结果可以在小组间交流。

（5）项目评估　项目教学应有明确的结尾，所有的项目参与者都应有机会展示自己的成果并参与讨论。项目评估是对项目结果的检验，也是培养学生语言表达能力和敢于发表自主观点的手段。一般先由学生对自己的工作结果进行自我评估，还可由其他学生评估，然后由教师进行评估，师生通过共同讨论、评判项目来发现项目成果中的不足之处和完善的方法。学生在教师评估后做项目反馈，归纳总结学习成果。

教师在最后应做出项目学习的总体总结，指出项目成果中值得学习和借鉴之处及在项目完成中出现的问题、学生解决问题的方法和学习行动的特征，总结成功经验和失败教训，找出造成学生间项目成果差异的原因。对没完成或完成不成功的学生应鼓励他们课后继续完成作品。

以上几个环节为基本环节，在应用时也可以根据项目的复杂程度将某一个环节拆分细化，如从"项目准备"中可分出"制订计划"，从"项目评估"中可分出"项目迁移"。

6　项目教学法应用的注意事项

6.1　选择合适的教学项目　选择项目时应考虑：①内容的综合性：包含多学科的知识技能；②理实一体化：既有理论知识又有实践操作；③学生的兴趣：结合学生的兴趣、与学生生活接近的内容；④产品的指向性：项目完成后有一个完整的成品，使学生完成项目后有成就感；⑤任务的开放性：完成项目的途径和结果在一定程度上是开放的，可以是不同的，可以激发学生的创造性。

6.2　要调动学生参与的积极性　　项目教学法中学生是实施项目的主体，因此要调动学生参与项目的积极性。如选择的内容是学生感兴趣的，引进竞争机制，合理考核机制等。

6.3　强调学生的自我控制与组织　　项目进行的过程中一直遵循学生是项目的"主角"。尤其是项目计划阶段，教师一定不要按照传统教学方式事先为学生做好计划，让学生机械执行。教师要做好身份的转换，是组织者、咨询者、引导者。

6.4　工作采用小组形式　　小组工作形式一方面体现其社会性学习的特点，学生之间的交流和学习是学习获得成果的有效支持，另一方面便于营造相应的工作关系和氛围，培养小组协作和团队精神，促进其社会能力的提高。

6.5　重视成果检查和评价　　完成项目成果后要及时交流展示，给予评价。这样的反思过程对学生掌握知识和能力提高非常重要。同时通过成果交流，进行项目迁移，可以达到举一反三的效果。

6.6　要根据课程性质和内容、学校的教学条件恰当的应用项目教学法　　项目教学法不是万能的法宝，教师随着教学内容的不同而应选择与之相应的教学方法，不应指望一种方法在教学实践中全面开花，一蹴而就。项目教学法对教师能力、教学条件、学生的技能知识能力、教材等均有一定的要求，因此，应用项目教学法要根据教学内容和教师自身能力、学校教学条件灵活掌握，方可达到相应的教学效果。

第二节　项目教学法应用

【**学习目标**】通过项目教学法的实例应用，掌握项目教学法的教学设计特点和组织过程，能够在园林专业教学中应用项目教学法。

教学案例一　街头小游园设计

【**教学内容**】对城市某一街头小游园进行方案设计，内容包括现状分析、景观结构或功能分区、总平面图、鸟瞰图或若干局部效果图。

【**教学目标**】

知识目标：掌握城市街头小游园设计的要点；了解街头小游园的主要使用人群和主要功能区。

能力目标：掌握城市街头小游园设计技巧；培养分析场地现状特点及提出解决问题的方案的能力；培养学生的实践应用能力；培养学生独立思考问题、解决问题的能力；培养学生语言表达能力、沟通能力、团结协作能力。

情感目标：培养学生的专业兴趣及团队精神。

【**教学对象**】园林专业本科三年级学生。

【**教学环境**】准备阶段学生利用教室（制图室）、图书馆、网络等资源制订工作计划，实践过程在制图室完成，成果展示及评估阶段在多媒体教室或制图室进行。

【教学过程】

上课之前教师的课前准备工作：从项目库中选择项目，确定街头小游园基址环境；联系安排实践场所；制订教学过程计划。

学生准备工作：分组，完成项目所需由学生准备的材料与用具。

该项目的课堂教学实施步骤：项目呈现——相关知识——项目准备——项目执行——成果评价——项目迁移共 6 个步骤。

第一步：项目呈现

教师在课堂上从学校所在城市的街头小游园出发引出项目设计任务书，包括设计项目的基址环境、设计成果与技术要求。

第二步：相关知识讲授

（1）城市街头小游园的意义和主要使用人群　　由教师说明。内容包括小游园的意义；可能的主要使用人群及其活动特点，由此引出主要的功能分区。

（2）设计要点　　对主要功能设施、特殊区域的植物选择要点及风格类型、设计原则等举例讲授。

（3）案例分析　　教师选择优秀的城市街头小游园实例进行分析，包括影响设计的场地内外各种要素的分析、功能区及景观风格特点、植物选择特点的分析，从而使学生更深入地理解街头小游园设计的要点。如果有条件可以组织学生在城市小游园里现场分析学习。

第三步：项目准备

（1）编制设计任务书　　由教师编写设计任务书，内容包括场地现状描述和具体成果要求：

① 小游园现状分析图：分析场地内外影响设计的因素及主要的使用人群及其活动特点和相应的活动设施；提出本设计应主要解决的问题。

② 景观结构或功能分区图：根据上述分析确定设计内容，依情况可以绘制功能分区图也可以绘制景观结构图。

③ 总平面图：如果在总平面图上能表达出主要的植物种类就不需要再绘制种植设计图。

④ 鸟瞰图或若干局部效果图：绘制出鸟瞰图来表现设计意图，或者绘制主要景点的局部效果表达设计意图。

⑤ 设计说明：简述设计的主题思想和主要景点。

除编制设计任务书外，教师还要编写以下内容：

① 实践组织形式：分组进行，4～5 人一组，设组长一名。

② 时间安排：共 5d，其中准备时间 1d，设计绘图 3d，撰写设计说明 0.5d，评价汇报 0.5d。

③ 实践成果要求：以设计图纸为基础，制作 PPT 汇报交流。

④ 实践过程要求：保障安全，遵守学校纪律和规章；注意保护公共设施，维护环境卫生。

（2）确定评价标准　　教师给出评定框架，本项目包括设计、绘图、汇报 3 个方面（表 5-1）。

表 5-1　街头小游园设计成果评定标准

评定项目	评定指标	评定标准	评分
设计	总体效果		
	布局		
	风景形象		
	创意		
	……		
绘图	图纸规范程度		
	表现效果		
	……		
汇报	语言表达		
	汇报课件制作		
	仪态		
	……		
总评			

注：教师制订的评定标准可与学生讨论，最后确定评价标准。

第四步：项目执行

① 教师下达设计任务书，宣读组织形式、时间要求等内容（可以事先打印复印好发给学生），解释设计任务，引导学生分析设计任务书。

② 组织学生勘察场地现场，回答学生提出的关于现场情况的问题。

③ 学生根据项目设计目标和已掌握的关于该项目的知识制订完成该项目的工作步骤。主要的工作步骤有：搜集资料；考察同类设计项目；完成草图；根据草图讨论方案；确定最后方案；绘制要求的图纸。

④ 制作 PPT。

第五步：成果评价

① 学生完成项目后，参照评价标准自评。

② 学生与教师讨论优缺点，找出不足。

③ 每组代表汇报，全班同学评分。

④ 教师对所有设计小组评分。

第六步：项目迁移

在教师指导下，将此项目迁移，讨论其他外部环境里小型游园的设计方法，如居住小区中心游园、校园小游园等的设计。

最后对本次教学活动进行教学效果评价。包括学生对知识掌握情况、是否符合学生特点、与职业结合情况等。可由教师、学生共同评价。

教学案例二　插花艺术在宾馆中的应用

【教学内容】对学校附属宾馆或其他宾馆的主要部位进行插花装饰。

【教学目标】

知识目标：掌握插花的类型、特点、在宾馆环境中的功能和布置特点，掌握宾馆插花常用插花造型。

能力目标：掌握宾馆插花布置设计的步骤和主要装饰部位特点；能够根据环境特点进行插花造型。培养学生的综合实践能力；培养学生独立思考问题、解决问题的能力；培养学生语言表达能力、沟通能力、团结协作能力。

情感目标：培养学生的专业兴趣及团队精神。

【教学对象】园林专业本科三年级学生。

【教学环境】准备阶段学生利用教室、图书馆、网络等资源制订工作计划，实践过程在实验室进行；成果展示及评估阶段在多媒体教室进行。

【教学过程】

上课之前教师的课前准备工作：制订教学过程计划；联系需要装饰的宾馆，并对主要的装饰部位拍照或录像；通知学生分组及携带插花所用工具；根据项目各小组计划购置插花花材。

学生准备工作：学生已具备了插花造型的基础知识及技能；分组，查阅资料，准备完成项目所需材料与用具，包括纸笔、照相机、修枝剪等。

第一步：项目呈现

教师在课堂上从项目出发引出项目任务书，包括宾馆概况、内部环境展示、插花装饰成果与技术要求。

教师可以以提问的方式引入项目。如提问"大家是否知道多数宾馆的布局是什么？""哪些部位适合进行插花装饰？""宾馆插花装饰有何功能和特点？"

以上问题分别由学生来回答，引起学生的兴趣。

然后教师以 PPT 形式展示宾馆的空间布局、环境特点，分析接待顾客人群特点。

第二步：相关知识讲授

（1）宾馆、酒店插花装饰的部位　　由教师说明。宾馆是为来宾提供住宿、餐饮、娱乐的服务场所。插花艺术是宾馆服务中的主要美饰工作之一。

宾馆插花装饰的主要部位有前厅部、客房部、餐饮部及会议室、过道、接待室等。重点美化装饰的是前厅部。前厅部包括大堂、服务台、大堂吧等部位。客房部主要对卧室和卫生间、墙壁及客房部经理室进行装饰。餐饮部主要对餐桌进行装饰，大型宾馆餐饮部又分为中餐和西餐部。

（2）宾馆不同部位插花装饰的特点　　教师帮助学生分析宾馆不同部位环境特点及对插花造型、色彩的要求。如前厅部插花注意不要影响人流视线和正常通行，插花装饰要简洁鲜明，让人耳目一新，又有宾至如归之感；大堂插花要端庄大气、引人注目，服务台插花应轻松自然、简洁流畅，给人亲近感，大堂吧突出亲切温馨的特点，宜布置中小型作品。卧室应根据房间风格进行插花设计，造型应小巧精致、赏心悦目、温馨宜人。中餐厅宜选用东方式插花造型，西餐厅的餐桌宜选择半球形、水平型插花，色彩鲜艳。

（3）案例分析　　教师选择部分宾馆、酒店的插花装饰实例进行分析，包括宾馆整体建筑、陈设风格、色彩分析，不同部位光线、家具特点分析，不同主题、不同入住对象文化习俗的分析，从而使学生更深入地理解插花装饰应用的要点。

第三步：项目准备

（1）编制项目任务书　　由教师编写任务书，内容包括场地现状描述和具体成果要求：

① 酒店环境特点分析：分析所要装饰的宾馆的建筑、内部陈设、空间分布、功能划分等具体场景，并引导学生了解酒店的文化特点和主要客户来源、特点。

② 酒店主要的装饰部位特点与功能分析。

③ 插花作品要求：大堂、服务台、餐厅餐桌插花作品各一件。

除编制设计任务书外，教师还要编写以下内容：

① 实践组织形式：分组进行，4～5人一组，设组长一名。

② 时间安排：共1.5d，其中准备时间0.5d，插花创作0.5d，评价汇报0.5d。

③ 实践成果要求：以插花作品为基础，制作PPT汇报交流。

④ 实践过程要求：保障安全，遵守学校纪律和规章；注意保护公共设施，维护环境卫生。

（2）确定评价标准　　教师给出评定框架，本项目包括插花创作、汇报两个方面（表5-2）。

表5-2　宾馆插花作品评定标准

评定项目	评定指标	评定标准	评分
插花 创作	总体效果		
	造型		
	色彩		
	意境表达		
	技巧		
汇报	语言表达		
	汇报课件制作		
	仪态		
	……		
总评			

注：教师制订的评定标准可与学生讨论，最后确定评价标准。

第四步：项目执行

① 教师下达项目任务书，宣读组织形式、时间要求等内容，解释项目任务，引导学生分析任务书。

② 组织学生观看宾馆照片或视频，回答学生提出的关于现场情况的问题。

③ 学生根据项目设计目标和已掌握的关于该项目的知识制订完成该项目的工作步骤。主要的工作步骤有：搜集资料；确定插花创作方案，提交所需切花材料种类和数量；进行插花创作，完成任务要求的3件插花作品；拍摄作品照片。

④ 制作PPT。

第五步：成果评价

① 学生完成项目后，参照评价标准自评。

② 学生与教师讨论优缺点，找出不足。

③ 每组代表汇报，全班同学评分。

④ 教师对所有设计小组成果及表现评分。

第六步：项目迁移

在教师指导下，将此项目迁移，讨论其他室内场地的插花应用，如家居、商业场所、办公场所的插花装饰。

最后对本次教学活动进行教学效果评价。包括学生对知识掌握情况、是否符合学生特点、与职业结合情况等等。可由教师、学生共同评价。

教学案例三　学校小礼堂花卉装饰设计

【**教学内容**】对学校礼堂做花卉装饰设计。包括风格的选定、材料的选择、花卉装饰的形式等。具体包括：①园林基本制图标准；②园林设计图表现技法；③花卉室内综合装饰；④常见盆花的观赏特性。

【**教学目标**】

知识目标：掌握公共室内环境花卉装饰的方法；掌握公共室内环境花卉装饰材料的选择、装饰的技巧。

能力目标：熟练掌握园林制图绘图规范及方法；能够根据场景进行花卉装饰；培养学生的实践应用能力；培养学生独立思考问题、解决问题的能力；培养学生语言表达能力、沟通能力、团结协作能力；掌握实践教学法的教学过程与方法。

情感目标：培养学生的专业兴趣及团队精神。

【**教学对象**】园林专业本科二、三年级学生。

【**教学环境**】准备阶段学生利用教室、图书馆、网络等环境或资源制订计划，实践过程则利用学校小礼堂完成，成果展示及评估阶段在多媒体教室进行。

【**教学过程**】

第一步：准备阶段

教师准备：确定实践主题，联系安排实践地点、用具，制订安全预案，通知学生实践任务、目标及分组、制订实践计划，下达实践任务书。

学生准备：分组，资料调查，材料准备。

学校小礼堂花卉装饰设计实践任务书

实践地点：学校小礼堂。

参加对象：园林本科二年级学生

实践组织形式：分组进行，8～10人一组，设组长一名。

时间安排：在园林花卉生产与应用课程开课学期，本项目单株、组合盆栽装饰教学完成后进行。准备时间1周，设计实践每组0.5d，整理资料、撰写设计说明3d，评价汇报0.5d。

实践准备要求：搜集查阅资料，学习礼堂花卉装饰设计案例，结合学校小礼堂实地情况，制订设计方案，进行方案的可行性分析，绘制草图，准备材料。

实践成果要求：实践成果应完整、深入，与设计方案一致，提交设计说明，小组以PPT形式汇报交流。

实践过程要求：保障安全，遵守学校纪律和规章；注意公共设施的保护，环境卫生的维护；采集装饰效果照片后还原礼堂原貌。

第二步：获取信息

（1）项目导入　　教师在课堂上利用生活中所见花卉装饰的应用引出项目，如提问自己家庭中的花卉装饰种类、摆放位置等，由学生回答。

（2）项目描述　　对花卉装饰的意义、小组工作任务进行描述，强调项目实施过程中可能出现的问题。

① 室内花卉装饰的意义和作用：由教师说明。花卉的室内装饰是在室内环境中运用的绿化装饰，不仅可以美化室内环境，同时可以利用植物的净化作用提高环境质量、改善室内小气候，营造高雅、清新、健康的室内环境。随着社会经济的发展越来越受到重视。

② 项目任务：由教师布置，即请学生对学校小礼堂进行花卉装饰设计。

③ 项目要求（可以事先打印复印好发给学生，如下文中的任务书）由教师提出具体要求：

a. 画出学校小礼堂内总图：主要是小礼堂内陈设、布局。

b. 花卉装饰效果图：用不同的花卉进行装饰后小礼堂的效果图。注意对花卉种类编号，并附上植物材料用表，该表中包括花卉中文名、拉丁学名、株高、花色、用花量等。

c. 局部效果图。若设计中总的效果图不足以表现设计意图，则需要单独绘制局部效果。

d. 设计说明：简述设计的思想、主题、构思和对植物材料的要求。

④ 项目难点：由教师提请大家注意：小礼堂内的环境条件（不同部位的光照、温度）和陈设直接影响对花卉种类的选择；花卉的株型、色彩与小礼堂室内装饰、陈设风格的协调；株型大小与空间大小的协调；小礼堂的功能与花卉种类的选择；绘图规范。

（3）提供相关信息　　项目完成与经验有关，学生的经验来自课堂的学习。教师可通过文本、网络连接等将信息传授给学生，也可以直接讲授。

（4）确定评价标准　　教师给出评定框架，包括设计、绘图、汇报3个方面（表5-3）。

表 5-3　学校小礼堂花卉装饰评定标准

评定项目	评定指标	评定标准	评　分
设计	总体效果		
	植物选择		
	色彩搭配		
	布局		
	体量大小		
	创意		
绘图	图纸规范程度		
	色彩表现		
	……		
汇报	语言表达		
	汇报课件制作		
	仪态		
	……		
总评			

教师制订的评定标准可与学生讨论，最后确定评价标准。

第三步：操作示范

教师示范室内花卉装饰设计的步骤及绘图的规范。

第四步：提出计划

教师在任务下达时提出该项目要求、任务、时间要求及安排，然后学生制订计划。

（1）初步制订实践计划　　各小组制订实践计划，包括实践步骤、人员分工、资料的搜集整理、设计主题的确定、设计方案的初步预想等。同时实践计划中要包括预计出现的困难及解决措施。

（2）讨论设计方案　　教师组织课堂讨论，各小组汇报设计预方案，全班讨论，整合意见。各小组完善设计方案并提交给指导教师。由指导教师审核通过各设计方案。

第五步：小组决策

根据提出的计划，确定工作步骤。

第六步：计划实施

各小组根据方案计划进行方案实施。指导教师指导，确保学生实践设计工作顺利进行。并根据情况适度调整设计方案。①绘制要求的图纸；②对礼堂进行装饰；③拍摄照片。

第七步：汇报评价阶段

项目完成后，进行资料整理、分析，制作方案汇报PPT、撰写设计说明。各小组资料整理备用。

成果汇报与交流。各小组进行成果汇报（以PPT的形式），主要将设计主题、方案设计、实践中方案的修正、装饰设计效果评价、资料整理等过程进行汇报。指导教师、其他小组成员针对调查汇报情况提问，答辩。

学生完成项目后，参照评价标准自评；学生与教师讨论优缺点，找出不足；根据每组汇报情况全班同学评分；教师对所有设计小组评分。

第八步：项目迁移

在教师指导下，将此项目迁移，讨论其他类型室内花卉设计的方法，如宾馆大堂、室内花园的设计方法。

最后对本次教学活动进行教学效果评价。包括学生对知识掌握情况、是否符合学生特点、与职业结合情况等。可由教师、学生共同评价。

第六章　实验教学法

【摘要】实验教学法不同于传统概念的验证性实验教学，重点在于实验过程中培养学生的关键能力，发挥学生的主观能动性，将掌握的理论知识像科学家一样设计实验内容，解决问题，为生产实践服务。实验教学法能充分唤起学生的探究兴趣，培养学生主动学习的能力。

第一节　实验教学法介绍

【学习目标】了解实验教学法的概念、特征，掌握实验教学法的教学步骤和教学意义。

1　实验教学法的概念

实验教学法是学生在教师的指导下，使用一定的实验设备和实验材料，通过控制条件的操作过程，引起实验对象的某些变化，从观察这些现象的变化中获取新知识或验证已有知识的教学方法。作为教学论中严格意义上的实验教学法，特别是职业教育的教学实践中，应该着重于在实验过程中培养学生的"关键能力"（除专业能力外，还包含个性能力、方法能力、社会能力等），是一种以任务为驱动的行动导向教学法。

"实验"在广义上就是人类的一种日常行为。可以说实验是人类与生俱来的能力。刚出生的婴儿，就能通过感官实践、活动协调、感觉优化，不断地在原本空白的大脑里刻录下对这个新奇世界的认识。实验方法自古就有，在中国古代就有"神农尝百草之滋味，水泉之甘苦，令民知所避就，一日而遇七十毒"的传说故事。可见，人类最初的知识很多是通过实验方法得到的，这些知识在亲身实验过程中得到检验而形成所谓的"经验"，然后这些知识和经验经年累月，一脉相传。近代科学的兴起是与实验方法的运用相随俱来的，实验方法的运用使得科学脱离了哲学的怀抱，摆脱只依靠思辨和猜测以及单纯观察的阶段，走上独立学问的道路，成为真正的自然认识。然而，它的真正确立则是经过文艺复兴时期的发展，在近代由伽利略和培根实现的。伽利略被称为"经验科学之父"，他在力学和天文学上做出了宝贵的开创性贡献，为牛顿的近代科学奠定了基础，被认为是实验方法论的创始人。随着现代科学技术和实验手段的飞跃发展，实验法发挥了越来越大的作用。

多年来的传统教学中，实验教学是用实验方法来证明一个已知的、并且存在的理论，或者用实验的手段加深学生对某一个公式的认识，着重对知识的掌握、实验方法的领会和操作能力的培养，但对学生在实验中涉及的分析能力、实验方法的综合运用能力以及探索创新能力关注不够。传统的验证性实验教学，都是教师定好实验题目，按照实验目的、实验原理、实验材料与仪器、实验步骤的顺序进行讲解，再要求学生按照规定的步骤进行操作。教师是单纯的讲授者，不遗余力地"教"；学生是被动的听课者，在操作过程中可以按部就班地"照猫画虎"得到最终结果。教师很无奈，学生很无聊，达不到应有的实践教学效果。教师要求学生按照规定的步骤实施，学生的思维陷入被动的记忆状态，无法去积极地思考问题，很难有灵感迸发而出现创新思维，因此很难达到培养学生创新能力的目的。另外，也使学生缺乏共同思考、讨论、争辩的能力，不利于学生合作意识的培养。实验结束后，学生对于何时运用和怎样运用这些技术来解决问题没有充分的理解与认识，经常是知其然不知其所以然，当外部环境发生改变时，学生不能灵活地提出相应的解决方案，导致学生在以后的工作实际中面对问题仍然会束手无策，即学生解决问题的实践能力依然很薄弱。学生毕业后在沟通能力、团队意识、职业道德以及个人品格等方面存在一定的缺陷。

而现代职业教育中的实验教学法，重点在于实验过程中培养学生的"关键能力"。实验教学法是围绕如何发挥学生的主观能动性，要让学生依靠自己和合作成员的力量去解决问题、完成实验。实验教学法能让学生像科学家一样面对未知的问题进行探索，可充分唤起学生的探究兴趣，培养学生主动学习的能力。实验教学法是从学生感兴趣的现象或产品入手，激发了学生探究的兴趣。学生拥有共同的创造新产品的欲望，能在同一目标的激励下讨论、制订实验计划，培养了学生的团队合作意识。在实验教学法下，学生具有共同的目标，不但分工明确，具有合作意识，而且责任心强，能帮助学生形成岗位意识，有利于学生职业意识的培养。学生亲自动手实验，培养了动手操作能力。学生对实验反复改进，精心探索新的实验方案，培养了创新能力。教师只起引导的作用，并在指导过程中，能对学生进行因材施教，分类指导。对实践能力较强的学生，能自己制订合理的实验流程方案的学生，指导的成分可减少；对能力弱的、不能靠自己制订合理的实验流程方案的学生，可为他们提供一些思路，让学生明确要探索的方向与目的，对实验流程心中有数，增强他们研究新问题的信心。总之，指导教师要有"授人以鱼，不如授之以渔"的教学意识，使每个实验不仅能满足学生动手操作的愿望，更重要的是让学生在实验过程中体会到"发现问题"和"解决问题获得成功"后的快慰，从而增强信心和学习欲望。所以，在职业教育教学过程中实验教学与理论教学同等重要。如何在实验教学中，贯彻"以学生为主体，以教师为主导"的改革思想，充分调动学生的积极性，引导学生把一定的实践知识同书本知识联系起来，以获得比较系统、完整的知识，又能够培养他们的独立探索能力、实验操作能力和科学研究兴趣，是提高实验教学质量的一个关键课题。

2　实验教学法的特征

职业教育行动导向的实验教学法强调以学生为中心，让学生在教学过程中独立搜索和获取所需的信息、独立进行任务的制订和分工、独立地选择最优化方案、独立地实施计划、独立地进行过程控制并作出评估和调整，从而使学生巩固、丰富和完善所学知识，培养学生分析问题、解决问题以及探索创新等多方面的能力。

实验教学法的一个重要特征就是强调学生的主动参与。因此，要力求充分地调动学生的主观能动性，在实验教学中时刻关注学生的分析能力、综合能力以及探索创新能力的培养。我国伟大的教育家孔子也说：讲给我听，我会忘记；指给我看，我会记住；让我去做，我会理解。

实验教学中，教师进行学习的组织协调，与学生形成互动，帮助他们在实践中掌握职业技能、习得专业知识，从而构建属于自己的经验和知识体系。具体来说，教师的职责主要体现在以下几个方面。

第一，实验选题阶段：教师根据专业特点和教学要求设计任务。实验选题必须是一个没有固定答案且能够让学生充分发挥主观能动性的课题。实验内容还必须与教学过程相匹配，使学生能够较好地完成实验过程。

第二，内容领会阶段：教师在指导学生进行实验时要强调，实验的思维能力和实验的操作能力同样重要，使学生认识到研究探索是实现理论向实践转化的重要途径。为了让学生更好地了解所做实验的原理、目的和意义，在实验前教师可引导学生自学部分实验内容，包括实验的目的和意义、基本操作、实验中要注意的问题、实验中所应用到的相关知识等问题，为学生提供与实验项目相关的资料，让学生在自学的过程中带着问题去探求、理解和总结。让学生懂得本次实验可以使用哪些仪器、哪些软件来解决实验中提出的问题。在这一个阶段，教师可以采用现场提问的方式来引导学生对实验内容的思考，并通过让学生自己制订实验流程方案来调动学生的主观能动性。

第三，分析操作阶段：教师依据学生自己制订的实验流程图，确定其思路是否合理。对于合理的实验流程，让学生自己去继续实行。对于不合理的实验流程，指出问题所在并让他思考调整流程方案。在实验过程中，希望学生能充分发挥自己的思考能力、动手操作能力以及与同伴的沟通合作能力。在这一阶段，教师不能阻塞学生的思路，要鼓励学生敢想、敢试、敢操作，也鼓励学生用不同的方法来分析解决问题。教师只充当引路人的角色，当学生在实验中遇到问题而无法进一步实施时，教师不能替他们把问题解决，只能告诉他们解决问题的思路，具体要让学生自己去解决，让学生在讨论的过程中不断总结、逐步提高分析问题、解决问题的能力和团队协作精神。

第四，总结及创新阶段：教师让学生依据自己写下的过程报告总结在实验过程中遇到的问题及其解决方法。然后，要求学生回过头来看本次实验，对自己制订的实验流程进行剖析，归纳出它的优缺点，并引导学生思考本次实验中采用的方法能否还可以与其他方法综合在一起，提高实验效率；此外，还要引导学生对实验结果进行分析，发现其中是否包含某种规律性；最后，引导学生找到本次实验方法和过程中存在的不足，并思考其改进方法，力求发现新问题，提出新思路。

总之，在整个实验过程中，教师只辅导、纠错、解答学生的疑问，而不参与实验的任何过程。让学生自己完成从实验设计到实验结果的总结和评价的整个实验过程。所以，实验教学的整个过程比单纯的实验结果重要得多，学生在实验过程中的主体作用比教师的主导作用重要得多。

实验教学法的另一个重要特征，就是强调以工作任务为主线。一个实验本身就是一个工作岗位上的实际任务，不仅仅是传统实验教学中的用实验方法来证明一个已知的、并且存在的理论，或者按照教师设计好的方法和步骤完成某项重复的过程。实验行为蕴含的实质更多在于，学生在一定条件下进行实验行为，以检验假设为目标，综合应用已有的预备知识，通过工具、测试手段让学生进行观察、判断、搜寻乃至阐释，从而培养了综合的行为能力。

　　实验教学法还有一个重要特征，就是允许学生在实验中犯错误或实验失败。创造性的思维往往在实验行为的不同阶段中发生，即使实验失败了，也可以寻找错误的根源（基本假设或实验误差等）。这样更有利于增强学生的记忆，加深对实验的认识和理解。

3　实验教学法的实施过程

　　实验教学法是一种行动导向的教学法，不仅培养学生分析问题、解决问题的能力，还着重在学生的个性培养，而个性培养中也就蕴含了创造性的培养。实验教学法的实施过程一般包括：确定目标、提出假设、制订方案、实施任务、验证分析、总结评价 6 个步骤。

3.1　确定目标　　即给定一个任务，本过程以教师为主。主讲教师根据教授的课程以及与其他课程的联系，设计相应的实验内容。同时，主讲教师还要收集与实验内容相关的材料，给学生讲解并提供背景知识。对学生而言就是获取任务，确定目标。创造性是在一定的时间和空间条件下产生的，实验行为中必须包含创造性。因此实验教学的第一步骤中获取的任务是至关重要的，它必须是一个没有固定答案的、含有未确定因素的、能够让学生充分发挥主观能动性的课题。如激素对某种园林植物扦插生根的影响就是未知的课题。

3.2　提出假设　　制订期待的结果并描述成准备检验的设想，推断实验现象和预期结果，有待实验过程检验。学生根据实验任务相关的背景知识，通过查找资料和分析问题，经过一系列的思维过程，对设定现象产生的原因和发展的规律性作出假定。例如，在木槿扦插繁殖过程中，假设激素处理对扦插成活率的影响很大。

3.3　制订方案　　学生根据实验目的，制订实验方案，计划工作步骤，介绍实验装置，说明实验方法等内容。实验方案设计是实验教学法实施成功与否的关键。因此，制订实验计划时要明确：实验设计参数，控制条件和实施过程；选择的实验对象；实验设备、工具和方法，以及实验结果评价方法和标准等。例如，在木槿扦插繁殖中，学生根据所具有的知识背景和自己的理解，提出不同的激素类型、浓度、处理时间，设计不同的实验方案；同时制订木槿扦插的步骤，列举扦插过程中所需要的仪器设备、药品、工具，设计苗床，选择扦插方法等一系列内容。

3.4　实施任务　　按照计划准备实验装置、完成实验。根据小组制订的实验计划，各小组成员分工协作，完成实验内容，并客观、详尽、准确、及时地记录实验过程中的数据及现象等。在实验的过程中，授课教师可按阶段也可根据实验进行情况，适时组织讨论会，对实验过程中出现的问题或失败的实验引导学生进行讨论，找出问题的根源所在或分析出实验失败的原因。

3.5　验证分析　　通过实验结果对最初的假设进行验证和分析。实验结束后，学生对实验记录和实验数据进行科学分析，书写实验报告。同一小组的成员面对同样的实验数据和实验结果可以有不同的判断和处理意见，其主要原因是每个学生对知识的掌握程度和知识运用能力不同，所以通过分析总结，可以提升学生的知识理论水平，增强研究探索兴趣、培养严谨的科学态度和求实精神；通过综合实验报告，教师能判断出学生的前期知识掌握程度和知识的综合运用能力。

3.6　总结评价　　　本过程分两部分，一部分是由教师完成，一部分是由小组内成员共同完成。实验报告全部完成后，教师马上组织各个实验小组进行讨论、总结。小组成员根据实验现象，与其他组员进行交流。在评议时，教师要鼓励学生踊跃发言，发表自己的看法，分析评议的重点是对实验方案进行评价，提出改进措施和探索创新的新建议。总结评价也是有效验证教学效果的方法，是提升学生专业知识和综合素质不可缺少的重要教学环节，教师在此阶段，既要肯定学生的成功之处，也要指出缺点和提出改进意见。在总结评价时教师要有明确的实验结论和评价标准。总结评价只针对实验结果本身，而不是对学生进行分数评价。

4　实验教学法的意义

实验教学可以改善学生的知识和思维结构。通过增加综合性实验项目，实验室开放，创新项目的设立，扩大了专业知识学习的范围，改善专业知识的局限性。比如苗圃学实验与生理学实验有机的结合，可以极大地拓宽学生的知识视野，对事物的认知深度与广度有较大的提升。通过增设探索性实验或科研课题，让学生自主地学习，有目的的学习，真正让学生感受到学以致用。通过课堂上知识积累，又注重学生形象思维、直觉思维、发散思维等创新性思维的培养与训练，使学生带着思考去实验与研究，从多角度考虑问题，优化了知识结构，完善了思维结构。

实验教学完善了人才的个性品质。实验教学的改革极大地提高了学生的实验与科研的兴趣，激发了学生学习热情，也热爱上实验与科研。在实验中，学生培养了能吃苦、不怕累、敢于迎接挑战、敢为人先、能够坦然面对实验失败的精神和品质。在实验过程中，学生之间，学生与教师之间都能够相互配合，起到了集体效应，学生感受到成功也来自团队协作，这是现在学生缺乏的品格。另外，在实验中要求学生以实事求是的态度对待实验结果，不能篡改数据，甚至嫁接别人的数据或者伪造数据，更为重要的是要求学生对这种做法有正确认识，不能为了说明自己所需说明的问题而随意更改数据，因为这不仅是对客观事实的不忠，更是严重违反科学道德的行为。因此，严格要求、客观公正地对待实验过程和实验结果，是培养学生科学严谨的实验作风的最佳途径。实验对人才心理的培养起到了巨大的作用，这也是学生重要的成长过程，是课堂理论教学中难以达到的效果。

实验教学培养了学生的创新能力。通过扎实完整的实验教学，给学生的创新能力奠定了发展和升华的基础。在具备了一定的基本技能之后，打好基础，掌握过硬的基本实验能力，促进创造性实验能力的形成与提升。而实验能力是培养学生创新能力的基础，学生在单元实验训练完之后，进行必要的指导，可以进行综合性、设计型实验，考验学生的动手能力。做实验不难，可以熟能生巧，难的是真正弄懂这个实验，明白实验的原理，为下一步设计出新的实验方法或发明出更具创新性的实验技术提供条件。如果仅仅采用实验的方法来证明一个已知的、并且存在的理论，那么每个学生都事先有了真理的标准，得到的实验结果可能都是千篇一律、令人满意的，但却绕过了发现并解决问题的这样一个创造性思维过程。

第二节　实验教学法应用

【学习目标】通过实验教学法的实例研究掌握实验教学法的教学过程，能够在园林专业课程教学实践中合理地运用实验教学法。

实验教学法的应用非常广泛，不仅可以传授具体的操作技能，而且能理论联系实际，开拓智力，培养学生解决问题的能力和创新能力，还可以培养道德情操。因此，实验教学法需要摒弃单纯传授具体知识的观念，要强调科学思维、科学素质、实践技能、创新能力和道德品质、陶冶情操的综合培养和训练；活化实验教学中发现问题的热情，重视素质教育，将智力和能力的提高与陶冶情操的培养更多地渗透、融合到日常教学中。要达到这个目的，在教学的过程中，要求教师必须熟悉教材，掌握教材的全部内容，具有创新和开拓理念，能够在教学过程中使学生融会贯通，举一反三，提高学生的综合能力。

在现代职业教育中，实验教学按照"与实际的符合度"为指标，划分成为5个教学范围：第一，以认知为导向的实验教学，是传统教学中用于加深理论知识、重复且固定的典型教学模式；第二，以运用为导向的实验教学，是技术行业中培养学生行为能力的主要方法，需要基本的专业理论知识；第三，实验练习，不需要新的理论知识，以运用为导向在实验教学中获得的行为能力加以巩固，这种实验教学应用于企业的学徒培训中；第四，客观实物上的实验教学，是一种实际意义的实验学习，即"实践"；第五，作为职业行为中专业实践的一部分，广义上来说人的职业行为便是一种实验。

实验教学法虽然是行动导向的教学法，但是在不同的应用范围里，实验教学法的实施是不同的。一些基础性、入门性的实验并不适合完全放开让学生自己去摸索，因为这些是打基础的实验，是为后面的综合能力做铺垫的，所以要求教师更多的示范和指导；在学生有了一定的理论积累和实践能力，并且对实验项目有了一定兴趣后，通过设计一些操作性强、综合要求能力高的实验课题，来培养学生的个性能力、社会能力和专业应用能力。对于一些因学时数限制未开出的而学生又感兴趣的实验，鼓励学生在课余时间到实验室做实验，可以复习已做过的实验，也可以做简单仪器设备的组装和测试实验，建立真正的开放实验室，实施开放式实验教学。加强综合性和设计性实验教学，使学生在从事实验过程中树立科学研究意识和实践创新理念，同时了解现代实验新方法、新技术，切实提高学生的动手能力和创新精神。

教学案例一　木槿硬枝扦插育苗

【教学内容】

（1）影响木槿扦插成活的内在因素　　母株的来源和年龄，枝条的年龄，枝条的发育状况及部位，插条的粗细与长短。

（2）影响木槿扦插成活的外在因素　　温度、水分、空气、光照、基质、扦插设施。

（3）促进木槿插条生根的方法　　植物生长调节剂处理法，刻伤插条，塑料地膜覆盖，插条催根。

【教学目标】

知识目标：通过本实验教学的实施，使学生充分理解扦插繁殖的理论，了解影响扦插成活的因素。

能力目标：掌握扦插育苗的技术，如正确选择采取插条母株、确定合适的扦插时期、恰当的扦插方法，熟悉促进扦插生根的方法等。能够组织和实施扦插育苗的生产管理过程，如制订生产计划、安排生产人员、协调各相关部门的关系等，培养专业应用能力。

情感目标：在扦插育苗实施的过程中，同学间要学会相互配合并增强团队合作意识。

【教学对象】具有一定种植基础理论知识的园林、园艺、种植、林学等专业的本科二、三年级学生。

【教学环境】多媒体、黑板、教科书、图片、录像等。剪枝剪、钢卷尺、铁锹、平钯、地膜、盛条容器、天平（万分之一和十分之一）、生长调节剂［吲哚丁酸（IBA）、吲哚乙酸（IAA）、萘乙酸（NAA）、氯苯酚代乙酸（2，4-D）和 ABT 生根粉等］、量筒、容量瓶、烧杯；苗圃地一块，扦插苗床若干（每小组一个），拱棚若干（每小组一个）。

【教学过程】

1　准备

教师准备：①设计本实验教学环节。依据教学计划、教学时数、学生的学习特点、本校教学实验实习的条件等各方面的综合因素，有机整合相关的教学实验内容，设计出合理的教学实验方案。②给定实验任务。向学生介绍与木槿扦插相关的背景知识，如为提高木槿扦插育苗的生根率，可以使用植物生长调节剂处理，常用的植物生长调节剂种类和一般处理浓度；穗条梢部和基部不同部位以及覆盖地膜和拱棚等扦插设施条件对扦插生根也有一定的影响，引导学生进行合理的实验设计。

学生准备：学生分成若干小组，每组 5～6 人。接受任务后查找资料。每个人对即将实施的实验任务进行认真学习、分析、理解，每个成员尽量都能提出自己的建议。

小组内通过讨论提出假设。小组同学每个成员都要发表自己的观点，通过一起讨论，根据客观条件，提出小组实验的假设或实验目标。如木槿拱棚扦插生根率达到 90%，扦插成活率达到 95%。

根据小组设定的实验目标选择相应的实验方法。如采用 NAA、IAA、ABT 等不同植物生长调节剂处理插穗进行对比实验；设计枝条的梢段、中段、基段不同部位进行比较实验；或比较覆盖地膜、加设拱棚、露地扦插等不同设施条件对生根率的影响。

最后小组同学共同设计出实验方案，如表 6-1～表 6-3 所示。

表 6-1　植物生长调节剂处理对木槿扦插生根的影响

植物生长调节剂	浓度	生根率（%）
NAA		
IAA		
IBA		
ABT		
2, 4-D		

表 6-2　不同穗条部位对木槿扦插生根的影响

穗条部位	生根率（%）	成活率（%）
梢段		
中段		
基段		

表 6-3　不同扦插设施对木槿扦插生根的影响

扦插设施	生根率（%）	成活率（%）
覆地膜		
拱棚		
露地		

　　实验方案需要与指导教师沟通，教师认定设计合理后各小组制订实施计划，小组成员根据任务进行具体分工合作。

2　实施

　　①整理苗床：选择背风向阳、排水良好的沙壤土平坦地段，施入土壤消毒剂和杀虫剂后耕地，然后平整做垄，一般采用高垄，垄距 70～80cm，垄高 15cm，垄面宽 30～40cm。或者利用已有扦插床。②修剪插穗：在休眠期，剪下一至三年生的粗 0.8～2.0cm 生长健壮、无病虫害的木槿枝条，截成 12 cm 长的小段，插穗顶端保留 2 个叶芽。将每一小段形态学的上端剪成平口，下端即最下一个节下方 2～3mm 处剪成斜面，而后将其分成若干组，按照小组设计的处理实验方案进行处理，并做好标记。暂时不用插穗时可以在湿沙土中埋好，随用随扒。③扦插：将处理后的插穗迅速地扦插到打孔后的插床上，株行距为 8cm×8cm，扦插深度为插穗的 2/3，插后压实浇水保湿。打孔可以用特制的打孔板或者与插穗粗度相近的木棍，先在插床上扎一个深度约占插穗长度 2/3 的孔。若用地膜扦插时注意插穗的底部切口勿被地膜封死，使插穗和土壤密接，然后覆土紧压地膜，以防风吹掀起地膜。穗条采集、制穗、扦插过程中要注意保护，防止风干；扦插时切忌用力从上部击打，也不要使插穗下端蹬空；切勿倒插。④插后管理：木槿扦插后，在 20～25℃的条件下，15d 左右愈伤组织产生，20d 左右开始生根。春季随着气温回升，到 4 月份当气温达到 25℃以上时，需要将插床上拱棚两头的薄膜通风换气，幼苗

长到一定程度后，逐渐揭开薄膜炼苗，当幼苗适应外界环境后，可以撤掉拱棚。然后加强管理，及时除草、松土、浇水、施肥等。

3　统计分析实验结果（表 6-4）

表 6-4　木槿硬枝扦插实验记录表

项目	10d	20d	30d	40d
生根率（%）				
成活率（%）				
不定根条数				
不定根长度（cm）				

试分析：

植物生长调节剂种类和浓度对木槿扦插生根的影响；

不同枝条部位对木槿扦插生根的影响；

不同设施条件对木槿扦插生根的影响。

根据学生的学习基础，可以计算出百分数，简单对照分析实验结果；也可以进行方差分析和多重比较。小组同学可以对所观察到的木槿扦插苗的生长过程，结合个人的观点以及数据分析结果，进行充分的讨论分析，得出可靠的实验结论，并把结果写成书面总结报告，同时也可以结合照片和视频等记录资料做成 PPT 进行小组间交流。

4　效果评价

实验结束后，小组内同学对小组的整个实验组织、实验过程及实验结果进行客观的评价，并结合本小组的实验统计分析结果，对本小组的整体工作做一个自我评价（表 6-5）。同时，教师要对整个实验设计、实验组织、实验过程及实验结果进行客观评价，并结合整体的实验统计分析结果，对实验教学的组织实施作一个评估，还要总结本教学实验设计的经验与教训，为下一次的实验教学提供参考。

表 6-5　木槿扦插实验教学效果评价

评价标准	学生评价（40%）	教师评价（60%）
实验设计		
扦插过程		
成活率		
苗期生长		
预期结果符合度		

【应用分析】

1　应用条件

实验教学法适用于要求增强学生动手能力、加强实践操作等类别的教学内容。选择和设计的实验项目应具有典型性、代表性、可行性、合理性和操作性。能满足学生学习的需求，能培养学生的创新能力和实践能力，能达到深化课堂学习内容的目的。通过实验教学，可充分调动学生学习、探究的积极性和主动性，能体现师生共同参与和密切配合的教学过程，能培养学生使用仪器或工具的技能，训练学生的观察、测试、计算、数据处理和现象分析等能力，能发现问题并提出改进措施。

实验教学中，教师的实验设计至关重要，它是实验教学能否达到预期教学效果的关键。是否采用实验教学法，要依据教学目标的要求、教学内容、学生特点、教师素质和实验条件而定。因此，实验教学法要求指导教师不仅具有较为扎实而系统的专业知识，而且具有较强的实验开发设计能力和规范的实验操作技能；不仅熟悉本专业岗位的工作过程，而且熟悉本教学环节在整个教学过程中的地位和作用；不仅熟悉相关教学内容，还要熟悉学生的组成结构、知识结构和对本实验的理解情况，能回答学生在实验中提出的各种问题，指导学生操作，具有阐述问题和分析问题的能力；还要具备组织管理能力和协调能力。

参加本实验教学法的学生，应该有了一定的理论积累和实践能力，并且对实验项目有一定兴趣，如园林相关专业的职教师资培养本科二、三年级学生，或经过相应技术培训的学生。学生已经具有设计实验项目内容的基础知识和技能，明确实验教学目的、要求、过程和预设实验结果，能做好实验前的准备工作，如设计实验方案、查找有关资料，进行分工合作，准备实验设备、工具、试剂、材料和方法等。

2　注意事项

① 本实验教学法以实践操作为主，以讲授和小组讨论为辅，配合一定的图片和视频资料，主要教学场所为园林苗圃实验地，所以在实施本教学法之前，要充分准备好苗圃地的各项基础设施，各种工具、实验物品、实验材料等。

② 充分发挥学生的主观能动性，调动学生自主学习的积极性，营造良好的学习氛围，注重在实验过程中培养学生的个性能力、社会能力和专业应用能力。

③ 指导教师要密切关注各小组的学习动态，及时帮助和引导他们处理突发事件，指导学生顺利完成实验过程。由于扦插实验的时间比较长，还要组织安排好整个实验期间的圃地管理和苗期管理，并做好实验现象和数据的记录。

教学案例二　紫薇种子发芽品质检验

【教学内容】

（1）种子品质检验的基本概念　　种批、初次样品、混合样品、送检样品、测定样品、种子发芽力、发芽势、发芽率。

（2）影响种子生活力的内在因素　　种子寿命、种子的成熟度、种子含水量、种子机械损伤度。

（3）影响种子生活力的外界条件　　温度、湿度、通气状况、生物因子。

（4）种子催芽的方法　　层积催芽、水浸催芽、化学药剂催芽、植物生长激素浸种催芽、微量元素浸种催芽、混雪催芽、机械损伤催芽、催芽新技术（①汽水浸种；②播种芽苗；③渗透调节法；④稀土处理）。

【教学目标】

知识目标：使学生充分了解种子品质检验的重要性，增强学生的种子质量和法律意识，全面理解种子净度、千粒重、含水量、发芽率、生活力等品质指标的含义。

能力目标：掌握种子发芽率检验的规范操作，熟悉影响种子生活力的各种因素，如种子的寿命、种子的安全含水量、种子的成熟度、种子发芽的最适温度、湿度和水分等。

情感目标：在种子发芽品质检验实施的过程中，同学间要学会相互配合、并增强团队合作意识。

【教学对象】具有一定种植专业基础理论知识的园林、园艺、种植、林学等专业的本科2～3年级学生。

【教学条件】多媒体、黑板、教材、图片、录像等。专业实验室，紫薇种子、天秤（千分之一）、发芽皿、滤纸、恒温培养箱、温度计、镊子、解剖刀、烧杯、蒸馏水、生长调节剂［萘乙酸（NAA）、赤霉素（GA）等］等。

【教学过程】

1　准备

（1）教师准备

① 设计实验方案：依据教学计划、教学时数、学生的学习特点、本校教学实验实习的条件等各方面的综合因素，有机整合相关的教学实验内容，设计出合理的教学实验方案。

② 下达实验任务：向学生介绍与种子品质检验及紫薇相关的背景知识，如为提高紫薇种子的发芽率，可以使用植物生长调节剂处理，常用的植物生长调节剂种类和一般处理浓度；温度和湿度等发芽环境条件对紫薇种子萌发有一定的影响等，引导学生正确进行实验设计。

（2）学生准备　　学生分成若干小组，每组5～6人。每个人对即将实施的实验任务进行认真学习、分析、理解，并通过小组内讨论提出假设。小组同学每个成员都要发表自己的观点，通过一起讨论，根据客观条件，提出小组实验的假设或实验目标。如不同处理后紫薇种子发芽率达到60%以上。

根据小组设定的实验目标选择相应的实验方法。如采用NAA、GA等不同植物生长调节剂处理种子进行对比实验；或比较不同温度对发芽率的影响。

最后小组同学共同设计出实验方案，如表6-6和表6-7所示。

表6-6　不同温度对紫薇种子发芽率的影响

温度（℃）	种子总数	种子发芽数	发芽率（%）
15			
20			
25			

表 6-7 不同生长调节剂对紫薇种子发芽率的影响

生长调节剂	浓度	种子总数	种子发芽数	发芽率（%）
GA				
IAA				
NAA				

2 实施步骤

（1）抽取检验样品　　将纯净紫薇种子倒在光滑清洁的桌面上，充分混拌，用四分法在每个三角形中随机数取 25 粒种子组成 100 粒。共组成 4 个 100 粒，成为 4 次重复，分别装入纱布袋中。

（2）消毒灭菌　　为了预防霉菌感染，干扰检验结果，检验所使用的种子和各种工具设备一般都要消毒灭菌处理。用 2% 的高锰酸钾溶液消毒种子 30min，或用 1% 的升汞溶液消毒种子 10min，然后用无菌水反复冲洗，以去掉种子表面残留的消毒液。用沸水将洗净的发芽皿、纱布、小镊子等检验用具煮 5～10min 消毒灭菌。发芽箱喷洒福尔马林后密封 3d 使用。

（3）浸种　　分别用不同浓度的 GA、NAA、IAA 溶液浸种 12h，蒸馏水作为对照。浸种结束后，用无菌水冲洗种子 3～5 次。

（4）置床　　将经过消毒灭菌、浸种后的种子安放到发芽床上。一般在发芽皿或培养皿中放上滤纸作床。每个发芽床上整齐地放 100 粒种子，种粒之间保持的距离大约相当于种粒本身的 1～4 倍，以减少霉菌蔓延感染，并避免发芽的幼根相互纠缠。

（5）标记　　种子在发芽床上安放好后，在发芽皿上贴标签，写明处理、组号、日期等。

（6）发芽　　按照实验方案将不同处理的种子发芽皿分别放置于 15℃、20℃、25℃的发芽温度条件下进行发芽实验。照度强度为 3 级，光照 24h，定时向培养皿中加水。

（7）记录　　每天观察一次，记录发芽的种子数。胚根长度不小于种粒的长度为紫薇种子正常发芽的标准。每次剔除发芽粒和腐烂粒，到发芽终止日期后，用切开法对尚未发芽的种粒进行鉴定，分别归成新鲜粒、腐坏粒、空粒、硬粒等几类记录。

（8）统计分析实验结果（表 6-8）

表 6-8 紫薇种子发芽率实验记录

项目	5d	10d	15d
未发芽腐坏粒数			
未发芽新鲜粒数			
未发芽空粒数			
未发芽硬粒数			
种子发芽数			
发芽率（%）			
发芽势（%）			

试分析：

① 不同温度对紫薇种子发芽率和发芽势的影响；

② 不同生长调节剂对紫薇种子发芽率和发芽势的影响；

③ 种子品质检验的意义。

对实验数据的统计分析，根据学生的学习基础，可以计算出百分数，简单对照分析实验结果；也可以进行方差分析和多重比较。小组同学可以对所观察到的紫薇种子萌发的过程，结合自己观察的感官印象以及数据分析结果，进行充分的讨论分析，得出经验性的结论，并把结果写成书面总结报告，同时也可以结合照片和视频等记录资料做成 PPT 进行交流。

3　效果评价

实验结束后，小组内同学对小组的整个实验组织、实验过程及实验结果进行客观的评价，并结合本小组的实验统计分析结果，对本小组的整体工作做一个自我评价（表 6-9）。同时，教师要对整个实验设计、实验组织、实验过程及实验结果进行客观评价，并结合整体的实验统计分析结果，对实验教学的组织实施作一个评估，还要总结本教学实验设计的经验与教训，为下一次的实验教学提供参考。

表 6-9　紫薇发芽率实验教学效果评价

评价标准	学生评价（40%）	教师评价（60%）
实验设计		
检测过程		
发芽率		
预期结果符合度		

【应用分析】

1　应用条件

紫薇种子发芽品质检验实验教学，有较大的实验教学应用空间和范围，对生产实习条件有一定的要求。教师在设计实验教学的时候，可以根据学校的教学条件、当地园林植物生产的实际情况、学生的学习基础、教学时间安排等灵活运用。室内种子发芽品质检验，灵活机动，非常适合职业学校学生的特点进行实验教学的应用。进行本实验教学时，要让学生认真学习有关种子品质检验的知识，熟悉相关过程，尤其是有关的背景知识。小组同学可以选择不同的植物种类种子或不同的处理方法进行品质检验，并认真观察种子发芽情况，比较它们的萌发过程。这不仅使学生们得到了技能方面的锻炼，同时也加强了小组同学的进一步接触和了解，增强了团队合作精神。

实施"实验教学法"要加强"三师型"（即讲师、工程师、技师）师资队伍的建设。摒弃传统的教学模式，转变教学观念，紧密理论联系实际，在教学中做好引导。另外，全面、系统的教材是实施引导实验教学法必不可少的条件之一，每个专业甚至每门课都要有专门设计、有针对性地开发新教材，增加学生的实践技能训练。

2 注意事项

从实验过程可以看出，学生要在很大程度上独立完成紫薇种子发芽品质检验的整个过程。在没有教师的帮助下，学生们要设计不同处理对紫薇种子发芽率的影响，找出紫薇种子发芽的最优方案。同时他们还必须在小组同学的协作和共同努力下，完成从抽样、处理种子、消毒设备、置床到发芽管理的整个过程。在这个过程中，他们不仅获得了直接的生产经验，而且还创造了小组同学发现问题和解决问题的机会，增进了同学间的团结合作和友谊。

新的教学方法将给教学实践带来各类问题，教师只起着指导和引导作用，操作技巧等都需要学生通过讨论自行决定，教学的目的是让学生学会学习，培养学生探索和创新能力。实验教学法注重个性发展，实施过程中不要求学生同步学习。因此，教师必须详细记录学生的学习档案，以便能掌握每位学生的学习进展。

教学案例三 菊花的催花栽培生产

【教学内容】对秋菊部分品种进行催花处理，使之于当年 9 月 15 日开放（或其他非自然花期）。

（1）秋菊的生态习性及生长发育规律 秋菊是菊花的一类，自然花期为 10 月下旬至 11 月上中旬（北京附近地区），是典型的短日照花卉，临界日照长度为 13.5h，花芽分化温度 15℃。在北京附近地区秋菊在 9 月初开始进入花芽分化时期。

（2）秋菊提前花期处理措施 秋菊若想在 9 月 15 日开花，需要催花处理。对于秋菊而言催花处理的措施为提前给予短日照条件，使之提前花芽分化。在长日照季节对植株遮光就是对其进行了短日处理。同时若想提前开花，也需要提前育苗，使植株达到应有的营养基础和观赏条件。

【教学目标】

知识目标：掌握遮光处理对花卉花期的控制原理，掌握光周期对花卉花芽分化的影响和菊花的光周期要求。

能力目标：掌握菊花的繁殖栽培管理方法，掌握遮光处理调控短日照花卉花期的操作要领与步骤，了解遮光处理提前花期所需要的设备；培养学生独立思考问题、解决问题的能力；培养学生语言表达能力、沟通能力、团结协作能力；掌握实践教学法的教学过程与方法。

情感目标：培养学生的专业兴趣及团队精神、吃苦耐劳精神。

【教学对象】园林专业本科二、三年级学生。

【教学环境】准备阶段学生利用教室、图书馆、网络等环境或资源制订计划，实践过程需要秋菊若干品种若干的植株，需要进行秋菊盆栽或地栽的相应大小场地，遮光用的不透光塑料布或大纸箱，扦插繁殖用的容器或扦插床、基质、修枝剪、喷壶等，评估阶段在多媒体教室进行。

【教学过程】

1 准备阶段

教师准备：设计本实验教学环节，根据教学计划、教学内容及时数、学生的学习特点、学校实习条件设计出合理的教学实验方案。联系安排实践地点、用具，通知学生实践任务、目标及分组、制订实践计划，下达任务书。

学生准备：接受任务，分组，查阅资料，准备材料。小组经查阅资料并讨论，设定实验目标，并根据实验目标选择相应的实验方法，如一天中遮光时段不同对花期的影响（表 6-10），不同大小植株对花期、观赏特性的影响，遮光时间不同（每天日照时间）对花期、观赏性的影响等等。小组讨论决定实验的内容并共同设计出实验方案。

表 6-10　遮光时段对秋菊开花的影响

遮光时段	花期	花朵大小
中午 12：00～15：00		
下午 17：00～第二天上午 8：00		
下午 19：00～第二天上午 10：00		

秋菊催花生产实践任务书

实践地点：学校教学基地。

参加对象：园林本科二年级学生

实践组织形式：分组进行，8～10 人一组，设组长一名。

时间安排：在园林花卉生产与应用课程开课学期，本项目菊花各论教学完成后进行。准备时间 1 周，实践每组累计 2d，整理资料、撰写设计说明 3d，评价汇报 0.5d。

实践准备要求：搜集查阅资料，学习秋菊的生理生态特性，设计实施方案，对方案的可行性分析，制订方案，准备材料。

实践成果要求：实验方案完整，调控后的秋菊植株，小组以 PPT 的形式汇报交流。

实践过程要求：保障安全，遵守学校纪律和规章；注意公共设施的保护，环境卫生的维护。

---

2 计划阶段

（1）初步制订实践计划　　各小组制订实践计划，包括实践步骤、人员分工、资料的搜集整理、实验方案的初步预想等。同时实践计划中要包括预计出现的困难及解决措施。

（2）讨论方案　　教师组织课堂讨论，各小组汇报预方案，全班可以参与讨论，整合意见。各小组完善实验方案并提交给指导教师。由指导教师审核通过各实验方案。

3 组织实施阶段

各小组根据方案计划进行方案实施。指导教师指导，确保学生实践工作顺利进行。

并根据情况适度调整方案。

（1）扦插繁殖菊花幼苗　　根据预定的花期，菊花幼苗需要在 4～5 月份扦插繁殖。采用茎顶端做插穗扦插。每组需要选定某一品种秋菊扦插繁殖 30～50 株幼苗。

（2）菊花植株的培育　　扦插成活后将幼苗上盆或定植于苗床，进行正常的管理（按盆栽立菊或切花菊生产形式管理），包括摘心、抹芽、肥水等方面，使植株生长健壮，符合生产目标要求。

（3）秋菊的遮光处理　　根据早花秋菊的特点，在接受 35～40d 短日照后便开花，根据预定花期（9 月 15 日），确定遮光开始时间为 8 月上旬。各组根据设计的实验方案进行遮光处理，直至开花。调查实验结果。分析不同遮光时段对秋菊花芽分化的影响、不同遮光时间对秋菊开花的影响。

4　汇报评价阶段

（1）资料整理、分析　　制作方案汇报 PPT、撰写实验报告。各小组资料整理备用。

（2）成果汇报与交流　　各小组进行成果汇报（以 PPT 的形式），主要将实验方案、实践中方案的修正、实验结果分析、资料整理等过程进行汇报。指导教师、其他小组成员针对调查汇报情况提问，答辩。

（3）成绩评价　　成绩评价由学生自评、组内评价、组间互评、教师评价共同构成，评价内容包括知识能力、学习能力、操作技能、学习态度、团结协作等方面，评价表的设计及权重与学生讨论制订。

【反馈及总结】学生成绩评定后，制订实践操作反馈表，了解本次实践在时间安排、过程组织、计划实施等存在哪些不足及需要完善之处，有助于教学组织的改进，同时通过总结提高学生的实践操作能力。

【效果评价】主要是通过问卷、访谈等形式针对本次实验教学法的运用教学效果、对学生能力培养情况进行评价。

第七章　现场教学法

【摘要】现场教学法接近工作岗位，通过对现场的调查、分析、研究，获得直接解决问题的方法，获得可借鉴的经验，使学生学会运用理论知识应用于实践。园林专业许多课程均适宜运用现场教学法，如园林工程施工、公共绿地布局、花卉生产、种苗繁育等。

第一节　现场教学法介绍

【学习目标】了解现场教学法的概念和特点，掌握现场教学法的内涵和教学实施步骤。

1　现场教学法的概念

现场教学法就是教师和学生同时深入现场，通过对现场事实的调查、分析和研究，提出解决问题的办法，或总结可供借鉴的经验，从实际材料中提炼出新观点，从而提高学生运用理论认识问题、研究问题和解决问题能力的教学方式和方法。

2　现场教学法的内涵

20世纪初开始出现现场教学的概念。现场教学最早始于医学院学生的生理解剖和临床教学，后来是地质矿冶学院在教学实践中开展现场教学。在教育界，有些专家把在实地举行的军队官兵训练、体育运动教学训练、商贸业务员的现场推销训练等也视为现场教学。

现场教学法通过现场察看、现场介绍、现场答问、现场讨论和现场点评等教学环节实现教学目的。简单地说，就是教师利用现场教，学生利用现场学，核心是利用现场教学资源为实现教学目的服务。

现场教学具有5个要素：一是现场，就是事实存在地或事件发生地；二是事实，就是客观存在的事物或事件；三是实践者，就是事件的经历者或事物的知情者；四是学生，就是教学活动的培训对象；五是教师，就是教学活动的组织者。没有这5个要素现场教学就无法开展。

近年来，我国大学教育大多是把"基础知识宽厚、创新意识强烈、具有良好自学和动手能力的通识性人才"作为学校对学生的培养目标，而现场教学法又是实现这一培养目标的有效方法之一，因此很多高校纷纷试行现场教学法。

3　现场教学法的特点

3.1　现场成为课堂　现场教学让教师和学生走出校门，以事实现场作为教学的场所，投身其中、身临其境，接触现场的人，观看现场的物，考察现场的事，研究现场的理，能起到"百闻不如一见"的效果。让学生走向社会实践的前沿，改变以往课堂教学远离实际的状况，显著提高了教学的直观性。

3.2　事实成为教材　　现场教学的教学材料取自现场，观看现场事实、听取现场介绍、进行现场交流，运用的都是现场事实材料。这些存在于第一线的最鲜活的材料，都是学生们今后工作中要做的事情，要解决的问题。研究这些问题，对学生今后的学习和工作都有较为深远的启发和指导意义。

3.3　实践者成为教师　　现场教学把学生带回到实践之中，让现场操作的当事者以"现身说法"，介绍操作规程，介绍操作要领，介绍操作方法，介绍工作思路、经验和体会。实践者的亲自讲解比教师在课堂上传播要真切得多、具体得多、可信得多，从而大大提高了教学的有效性。

3.4　学生成为主体　　现场教学克服了灌输式教学的缺陷，把学生带到现场，让学生自己看、自己听、自己问、自己想、自己得出结论，依靠学生自己的亲身感受和体悟来获取知识，掌握真理。这样的教学过程充分发挥了学生的自主性和能动性。

3.5　教师成为主导　　现场教学中，教师所起的是组织者和指导者的作用，着重把握教学的主旨和进程，使教学效果有基本的保证。在教师的组织下，学生实现了听与看的结合，学与想的结合，教与研的结合，动与静的结合。学生考察他人的实践，既有深切感，又有超然感，能不带框框、自由思考，能有效培养、锻炼和增强学生分析问题和解决问题的能力。同时，也提高了教学的生动性。

4　现场教学法的功能

4.1　亲临实践现场，直接认识事实　　现场是对事实或事件的本质和规律的保留和展示。走进现场是人们考察认识事实和事件最直接、最有效和最可靠的方式与手段。因此，现场教学相对于其他教学方式来说，对社会现实和客观对象的认识是比较全面、真实和深刻的。

4.2　面对事实讨论，深入掌握规律　　现场教学中，学生在看、听、问的基础上开展讨论，既有事实的对照，又有教师的指导；既有同学的交流，又有操作者的答疑，更能激活思维、深化认识，比其他的教学方法更能透彻掌握事物的本质和规律。

4.3　启发拓展思路，提高实际能力　　现场教学研究的是现实问题、学习的是当前经验，对于在校学生具有直接的借鉴意义。同类问题可以进行类比，参照解决；异类问题能够启发思考，创新解决。有效地提高了学生研究和解决实际问题的能力。

5　现场教学法的教学设计和实施

5.1　现场教学的类型　　根据各门课程的教学要求及教学活动性质，现场教学一般有下列几种类型。

（1）生产型的现场教学　　生产型的现场教学是学校结合专业特点而组织的到对口单位、校办工厂以及生产基地等现场教学，既对生产劳动进行参观调研，又向现场工作人员学习，并通过参加一定的生产实际操作，增长生产劳动知识，掌握一定的生产劳动技能。如园林专业学生到苗圃观看、调研苗木起苗、包装操作步骤和要领。

（2）见习性的现场教学　　见习性的现场教学是某些课程根据理论与实际相结合的需要，到有关设计或施工的现场，在现场技术人员的帮助下，边参观边学习，有助于学生理解本课程的理论知识，了解其在实际生产中和社会生活中的应用，有助于开阔眼界，进行劳动技能培养。

（3）参观性的现场教学　　参观性的现场教学是根据思想教育（如政治课、德育课等）需要，组织学生到有教育意义的纪念馆、博物院、历史古迹、烈士陵园等参观，提高学生的思想认识，进行生动活泼的思想政治教育、集体主义教育和爱国主义教育。

5.2　现场教学的操作流程

5.2.1　准备阶段

（1）认真比较，选好现场　　现场选择要强调具有典型性、时代性、指导性和自愿性。典型性，就是正面经验要有示范性，反面教训要有警示性；时代性，就是现场教学材料必须是反映时代特征的新事物、新现象、新问题的案例；指导性，事实材料反映着一些深刻的道理，具有广阔的分析空间，值得总结，就是要选对学生有指导意义的现场进行教学；自愿性，就是基地必须乐意配合，愿付出时间、精力、人力、物力，否则就会影响教学效果。另外，事实材料要允许存留一定时间，以便考察和研究，迅速变化的事件和必须立即处理的特急事件不宜作为现场教学。

（2）确定主题，准备材料　　开展现场教学一定要选择学生感兴趣的主题，同时主题的确定还要与整个教学计划相衔接、相协调。现场教学材料要符合四项要求：第一，必须是现场事实的描述，能帮助学生了解实情；第二，必须紧贴教学主题，能帮助学生理解原理；第三，必须具有一定容量，存在广阔的分析空间；第四，材料必须反映教学现场最本质、最重要的特征，以便学生尽快掌握情况；第五，材料必须列出思考题，以便学生提前进行思考和准备。

（3）设计方案，周密筹划　　教师在充分了解现场、熟悉详细情况的基础上，根据教学主题，设计现场教学实施方案。教师必须认真准备教案，一方面要对事实材料的理论意义进行挖掘和概括，另一方面要对教学实施过程做出合理安排。各个方面、各个环节的准备工作都要细致、严密。

（4）做好动员，明确要求　　现场教学实施前对学生进行动员，以便统一认识、端正态度、明确要求。在动员中，教师必须把现场教学的概念、特点、要求讲清楚，尤其是要把现场教学与参观、考察和案例教学等区分开来，明确学生的任务，并申明教学纪律，要求学生要有心理准备。

5.2.2　实施阶段

（1）走进现场察看　　教学活动之所以要进入现场，是因为现场展示着不可替代的事实材料，认真察看现场是现场教学的首要环节。学生进入现场一定要用心看、细致看，要以虚心的态度和高度负责的精神察看现场，看清重要细节和相关因素。

（2）听取现场介绍　　有关人员介绍现场教学基地情况。介绍者必须具备"三有"：

一是有职，介绍者必须是教学基地上担任管理或技术职务的干部，只有直接实践者才有切身感受；二是有备，介绍者必须认真准备，只有认真准备的材料才能内容充实，条理清晰，适应学生需要；三是有心，只有有心支持教育事业的人，才能不厌其烦地耐心回答学生提问，与学生进行深入交流。

（3）进行现场答问　　让基地负责人回答学生提问，进一步讲解学生尚不清楚的事情，让学生客观、真实、全面地掌握事实材料。让学生深入了解，就要问得深入，听得明白，真正掌握事实材料的核心和全貌，掌握材料要客观、真实、全面。

（4）开展现场讨论　　组织学生充分讨论，让学生自己去总结经验，提炼规律。在组织讨论时，教师要注意调动学生热情，激活学生思维，使其打开思路，畅所欲言。同时，也要做好引导工作，使讨论既热烈开放，又围绕主题。

（5）主持教师点评　　教师点评是现场教学画龙点睛性的关键性环节，教师要高度重视并认真准备。要坚持实事求是，有一定深度和层次，要善于从事实材料中归纳、提炼出理论观点，或是再次验证理论，使现场教学得到升华。

5.2.3　总结阶段

（1）学生总结　　学生自己对现场教学全过程进行回顾反思，整理思路，总结收获，并形成书面材料。一要总结自己对事件或事实的真实看法，包括现状、成因和结果；二要总结从中学到什么有用的经验或深刻教训；三要总结自己的心理感受，概括出自己所受的启发；四要设想倘若自己也遇到类似情况将怎样处理；五要把感性经验上升为理性认识，得出规律性的结论，使之具有普遍性的指导意义。

（2）教师总结　　教师对现场教学全过程进行全面总结，既要总结其成功经验，又要总结过程中的失误与不足，以使下一次现场教学做得更好。主要是：一要总结教学基地选择的经验，弄清到底怎样的现场才有现实指导意义，才能适应学生的需要；二要总结指导现场工作实践者介绍和交流的经验，使实践者更好地担当教师的辅导职责；三要总结组织和激发学生讨论的经验，研究把讨论引向深入的方法；四要总结本次现场教学的收获和不足，经验要继承，缺点要克服。

6　现场教学对教师的要求

6.1　现场教学过程中教师的作用　　一是制订计划。计划是现场教学的起点，计划的好坏直接关系到现场教学的成效，周密科学的计划是现场教学成功的重要基础。二是组织实施。实施现场教学，教师讲的内容少了，但是组织的工作量却大多了，必须认真做好组织工作。三是引导激励。学生成了现场教学的主体，但主体作用发挥得如何，主要取决于教师的引导与激励。四是总结点评。点评是对现场讨论、交流所取得认识的提炼和概括，是一个总结性的环节，直接决定学生对整次课的印象和收获，影响现场教学的成效。

6.2　现场教学要求教师具备四项能力

（1）要有准确选题的判断能力　　教师要深入社会生活，既了解社会现实，又了解学生需求，尤其是对现场事实材料要有深入的了解，只有这样才能选取学生普遍关注的主题。

（2）要有扎实的理论功力　　能站在理论高度上剖析和透视现实问题，这不仅关系到主题和现场的选择，关系到教案编写的质量，而且关系到最后点评的效果。

（3）要有良好的组织能力　　现场教学比课堂教学花费的时间长，活动空间大，联系人员多，调用资源广，只有组织能力强，方能协调各方，掌控好整个过程。

（4）要有深厚的教学实力　　现场教学的效果是教师教学实力的综合体现，只有教学经验丰富、教学素质全面的教师才能真正组织好现场教学。

7　现场教学实施的注意事项

首先，一定要做充分准备。现场教学的准备主要包括计划准备、组织准备、思想准备和物质准备。准备工作要具体细致、周密严谨。

其次，做到多方配合。在现场教学的实施过程中，要求学生、教师、基地人员三方密切配合。其中，学生须担主体之责，教师当起主导作用，基地当尽地主之谊。

最后，避免以教师为中心。在现场教学中教师是导演，是组织者和指导者，学生才是真正的主角，因此，教师要自觉抵制诱惑，防止角色错位。

第二节　现场教学法应用
教学案例一　一二年生花卉种苗生产教学

【教学内容】一二年生花卉种苗的生产。具体包括：① 繁殖方法包括播种、扦插，以播种为主，以及种子的寿命、影响寿命的因素、储存方法、影响萌发的条件及种子处理方法；② 种苗生产方式包括盆播、地播、穴盘育苗、人工播种、机械播种；③ 种苗生产的设备；④ 一二年生花卉种苗生产管理过程与环节。

【教学目标】

知识目标：掌握种子寿命的概念及实践意义，掌握影响花卉种子寿命的因素、种子萌发的条件及处理方法。

能力目标：通过现场教学掌握一二年生花卉种苗生产的程序及环节，掌握种苗管理的方法，了解现代化种苗生产所需的设备及使用方法；培养学生理论联系实际的能力。

情感目标：培养学生的专业兴趣及团队精神。

【教学对象】园林专业本科二、三年级学生。

【教学环境】前期室内教学及后期汇报评价需要的多媒体教室，一二年生花卉种苗生产现场（企业、学校基地）。

【教学过程】

1　准备阶段

教师准备：制订教学计划，联系安排实践地点。制订教学计划时，既要紧密围绕课堂讲授的理论知识，又要充分结合教学现场的实际条件。计划要全面、系统、周密，真正起到现场教学纲领性文件的作用。本次教学任务为到某市园林局苗圃进行一二年生花卉种苗生产现场教学活动，制订的教学计划内容：① 通过到一二年生花卉种苗生产现场参观、调研，了解花卉种子生产的方式；② 通过参观人工播种、机械播种的现场，掌握花卉种子贮藏的方法、繁殖的主要环节；③ 了解花卉种苗繁殖常用的设备设施。

同时，现场教学之前教师要精心备课。对教学内容准备充分，并对内容组织、讲授方式进行设计；对现场充分了解，设计现场教学的路线、顺序、内容，并与现场工作人员沟通协调好；根据教学设计预先准备现场教学结束后教师的总结，要求学生的总结内容，布置学生现场教学后需要归纳整理的内容。

事先通知学生现场教学的内容，要求学生复习或预习相关内容。

学生准备：充分准备教师布置的教学内容。

2 组织实施阶段

（1）人工播种育苗现场   教师提问关于种子大小、寿命、贮藏方法的问题，关于种子萌发条件知识的回顾。引导学生进入播种繁殖的内容。引导学生观察人工播种的容器、培养土的配制、浇水、播种、保湿措施。

（2）机械播种育苗现场   教师针对穴盘育苗的特点、优点介绍，由工作人员介绍播种机的部件，并操作。

（3）幼苗培育管理现场   播种后环境控制现场及设备，人工播种后幼苗的移植、上盆环节。参观不同规格、不同种类的种苗。体验穴盘苗的特点。

（4）学生现场操作   给学生一定的时间，针对以上3个现场进行参观、观察、咨询，部分内容进行操作。

（5）教师进行总结   针对学生学习的状况、学习目标、现场组织教学情况进行总结，使学生在自己学习、调研、考察的基础上能与理论知识衔接。

3 考核

现场教学后提出以下要求：
① 总结一二年生花卉种苗生产的形式；
② 总结归纳不同的生产方式的优缺点；
③ 归纳你认为花卉种苗生产中存在的问题。

4 反馈及总结

学生成绩评定后，制作实践操作反馈表，了解本次实践在时间安排、过程组织、计划实施等存在哪些不足及需要完善之处，有助于教学组织的改进，同时通过总结提高学生的实践操作能力。

【效果评价】主要是通过问卷、访谈等形式针对本次项目教学法的运用教学效果、对学生能力培养情况进行评价。

教学案例二　园路面层图案设计教学

【教学内容】园路面层的图案设计，包括：①整体性路面面层图案设计；②块料路面面层图案设计；③碎料路面面层图案设计。

【教学目标】

能力目标：掌握各类园路面层的装饰图案设计的方法，掌握本部分内容的学习方法，培养学生从工程案例中学习工程设计的能力。

情感目标：培养学生的专业兴趣及团队精神。

【教学对象】园林专业三年级学生。

【教学环境】前期室内教学及后期汇报评价需要多媒体教室或制图室，一个园路路面类型多图案种类丰富的园林绿地作为室外教学现场。

【教学过程】

1　准备阶段

教师准备：寻找适宜的园林绿地，确定现场教学地点，制订教学计划。教学计划要全面、系统、周密，结合教学现场的实际条件。本次教学任务为到某市一园林绿地现场观察、分析园路面层图案设计，积累面层图案设计经验。本次的教学内容为：

① 通过实地观察分析园路面层材料，据此分类；

② 分析各类面层材料的图案设计。

现场教学之前，教师要精心备课。对现场要充分了解，设计现场教学各阶段及其内容、顺序和参观路线，预计好各阶段的时间节点；准备充分教学内容，并设计教学组织方式；预先准备现场教学结束后教师的总结，布置现场教学后学生需要归纳整理的内容。开始教学之前要通知学生现场教学内容，布置学生复习或预习的相关内容。

学生准备：充分准备教师布置的教学内容。

2　实施阶段

（1）归纳园路的面层材料　　首先带领学生察看园林绿地的各级园路，提醒学生注意观察园路的面层材料。

教师可以提问所参观绿地园路的面层材料有哪些，根据这些材料园路可分哪几类。

（2）整体性路面面层图案设计　　教师启发、提问整体性路面的图案设计有哪些种类，如何结合材料进行设计，图案如何与园路环境相协调、体现园路环境的主题。

（3）块料路面面层图案设计　　教师启发、提问块料路面的材料有哪些，如何结合材料进行图案设计的，设计图案如何与园路环境相协调、体现园路环境的主题的。

（4）碎料路面面层图案设计　　教师启发、提问碎料路面的材料有哪些，如何结合材料进行图案设计的，设计图案是如何与园路环境相协调、体现园路环境的主题的。

3　考核

要求学生画出本绿地的各类路面的图案设计；对各类园路的图案重新设计，每类完成 3 个不同方案。

4　作业评讲

在多媒体教室或制图室评讲布置的作业，总结其优点与不足。

5　反馈及总结

学生作业评价和成绩评定后，制作教学反馈表，了解本次教学在时间安排、过程组织、计划实施等存在哪些不足及需要完善之处，有助于教学组织的改进，同时通过总结提高学生的学习能力。

【效果评价】主要是通过问卷、访谈等形式对本次现场教学法的教学效果、对学生能力培养情况进行评价。

第八章 四阶段教学法

【摘要】四阶段教学法是传统劳动技能和技巧的程序化教学方法，以学生为主体，以示范模仿为核心，讲与练结合，能够调动学生学习的积极性。园林专业中花卉的播种、扦插繁殖、盆花的换盆练习等实训内容均适合运用此教学方法。

第一节 四阶段教学法的介绍

【学习目标】了解四阶段教学法的特点，掌握四阶段教学法的 4 个教学步骤和实施要点。

四阶段教学法最早起源于美国，在德国双元制职业教育中得到了普遍的应用。是我国 20 世纪 90 年代从德国引进的 3 种新教学法之一，它以示范—模仿为核心，由准备、示范、模仿、归纳 4 个阶段组成。以学生为主体，以教师为主导，教与学、讲与练相结合，听、看、做、思、练五环相扣，可较好地调动学生的学习主动性与积极性，激发了学生学习的兴趣和强烈的求知欲，提高了教学质量，是一种实用有效的教学方法。四阶段教学法的恰当运用，能够有效地提高学生对学习的兴趣，确保学生对专业知识和技能的掌握，实现理论与实践的紧密结合。是传统劳动技能和技巧的程序化的基本方法。

四阶段教学法根据其发展阶段分为传统四阶段教学法和现代四阶段教学法。传统四阶段教学法是 19 世纪著名的德国教育学家赫尔巴塔提出的，包括准备、示范、模仿、总结练习 4 个部分，最初被应用在职业培训中较多，后来被多种形式的课堂选用。传统四阶段教学法由于以示范—模仿为核心，这在某种程度上限制了学生自主创新能动性，因此，在现代教育学家的批判与改进下现代四阶段教育法应运而生。它包括：引出问题，商榷答案；提供帮助，讨论建议；说明原理，解答难题；制定标准，评估结果。

1 教学的四个阶段

1.1 传统四阶段教学法 传统四阶段教学法是经典的程序化技能培训的方法，它把教学过程分为准备、教师示范、学生模仿和练习总结 4 个阶段，每个阶段有不同的教学活动（图 8-1）。

（1）准备 指的是为课程的教学所做的一切准备。课前准备包括教师对课程内容的准备，例如明确学生应掌握哪些知识技能，培养什么能力、完成时间、质量要求；对教学对象情况的掌握及相关实习设备的准备；所学工作行为方式的重要性等。如花卉繁殖准备提供的工具和材料（花卉植株、接穗、修枝剪）、场地环境；确定规范化的操作规程，如工具摆放、工作姿态、安全知识等。说明学习内容的意义，调动学生的积极性，主要教学方式为讲解。也可通过演

图 8-1 传统四阶段教学法

示某器械的功能等方式，生动、有趣地引入教学的主题——如仪器的安装。

（2）教师示范　　教师示范可一次性把全部示范完成，再由学生模仿；也可以分步骤进行；或教师先完整地操作一遍后，再进行分步骤的操作示范。这一阶段的关键是要求教师对操作要熟练和准确，教师操作的熟练、准确程度不仅是为了保证学生稍后模仿的正确性，也能树立教师形象、建立威信。

与通常的演示教学相比，示范的主要目标不仅是让学生获得感性知识或加深理解，而且要让学生知道教师操作的程序。教师在讲解的同时，通过实物或教学用具向学生示范如何操作。

教师还可以进行分段、分步骤示范，对学生进一步剖析操作规程，这时要注意突出重点，并可根据教师的实践经验将常会出现的错误予以指出。

（3）学生模仿　　这一阶段主要由学生进行学习活动，即按照教师的示范，自己动手模仿操作。在这个阶段要注意在时间上、空间上不要与前一阶段（即教师示范阶段）有分层和隔断，最好能马上进行。挑选多个学生（一般按照接受能力从强到弱的顺序）按示范步骤重复教师的操作，必要时解释做什么、为什么这样做。教师观察学生的模仿过程，得到反馈信息。对于学生在模仿过程中出现的错误动作，教师可先让学生自己分析导致错误的原因，并找出纠正方法。在这个阶段中，教师要加强巡回指导，以便及时发现问题和解决问题。对于学生出现的共性问题，教师可以集中指导；对于学生出现的个别问题，教师可做个别指导。

（4）练习总结　　教师根据需要将整个教学内容进行归纳总结，重复重点和难点，也可以通过提问了解学生对知识技能的掌握程度。在此基础上布置练习任务，让学生独立完成，教师在旁边监督、观察整个练习过程，检查练习的结果，纠正出现的错误。对于学生在练习中的对错，教师最好能当场做出反馈，以巩固学习成效。由学生自己通过练习，逐步对所学知识技能达到完全掌握和熟练运用。这个阶段不但可以让教师直接而又快捷地掌握学生的学习情况，同时学生也检验自己的学习成果。

在教学实践中，教师示范和学生模仿可以根据学生的理解、掌握的程度和课题的难易程度等反复多次。

最后，教师对这个课题的实施情况作一简单的小结，如学生的学习情况、安全文明生产情况和设备的使用、维护、保养情况等。由于这是对学习实施情况的最后总结，对学生起着促进和鼓励作用，故教师应给予足够的重视。

在四阶段教学法的教学过程中，其侧重点不断发生变化。第一、第二阶段以教师为主，第三、第四阶段以学生为主，最终目的是完成已确定的教学目标。教师主要采用提示型的教学方式讲授教学内容。不过随着教学环节的延展，也采用评价、教学对话等共同解决型的教学方式。学生学的活动更多是接纳性的，主要通过倾听、观察、模仿、练习等形式进行，学生可以有计划、有目的地感知对象，更好地掌握知识和能力。这里应该注意的是，在第三、第四阶段，教师必须对学生学习的内容、学习的过程、学习的结果进行及时了解、检查和督导，不能放任自流。

传统四阶段教学法的学习过程与人类认知学习的规律极为相近，适用于如操作技能培训和商业销售实务教学等实践技能培训，学生能够在较短的时间内掌握学习内容，达到学习目标。

1.2　现代四阶段教学法　　　现代四阶段教学法为学生提供了活跃而自主的学习环境。教师的职能从"授"转变为"导"，学生由被动的接受式学习转变成自主的参与式学习，充分锻炼了学生的思维能力、学习方法能力、社会能力和创新精神。因此，现代四阶段教学法在职业院校普遍得到认可和推广。

（1）引出问题，商榷答案　　　教师设置问题情境，调动学生积极性。意在引导学生针对学习课题，初步拟定工作计划。本阶段应注意的是，教师根据学生能力层次分好组，每组都是由强、中、弱组合在一起，以便集思广益，互取所长，最后初步拟订完整工作计划。

（2）提供帮助，讨论建议　　　教师与学生之间针对初步拟订的计划进行交流，教师给出科学建议，意在最终使学生做出正确方案。在本阶段应注意，教师要耐心地对每组的讨论过程进行倾听，先不要打断，当发现问题时先用笔记下来，待学生讨论完，再向学生提出教师所持的疑问，经辩论后给出合理建议。

（3）说明原理，解答难题　　　学生通过查阅资料，解决问题，教师在本过程及时回答学生如何做是正确的，根据是什么。意在最终让学生在实验过程中灵活应用理论，更深刻清楚地掌握理论。本阶段应注意，实验与检验同时进行，不断修订方案，调整进度，小组成员间分工要明确，还要团结协作。

（4）制定标准，评估结果　　　教师对学生实验工作进行检查评价，不仅在整个实验任务进行过程中要不断检验操作的正确性，最后还要对任务结果与评估标准进行比对。意在学生经过理论—实践—理论的过程，学到规范的操作技能。本阶段应注意，教师制定评价标准要细化，包括工作态度、任务责任心、操作规范性、工作结果准确度等方面。

在现代四阶段教学过程中，学生始终处于核心、主导地位，是积极、主动的活动者，而教师处于咨询、辅助地位，在学生请求帮助时，提供中肯的意见和建议。但由于教师要随时准备面对学生提出的各种问题、与学生共同探讨解决问题的方案，所以教师绝不比传统教学中的角色轻松，也绝不是可有可无。因此，在现代四阶段教学法中，教师要做好充分的教学准备工作，将工作重点放在教学设计上，包括教学内容载体（任务）的准备、学生学习资料的准备、学习小组的划分等。在组织教学时，教师既要吸取传统教学的长处，又要勇于突破传统、积极改革教学方法。这不但能够提高学生的综合能力，更能提高教师的科研能力和实践技能。

2　各教学阶段的实施

2.1　传统四阶段教学法

2.1.1　准备　　　课前准备阶段，首先要慎重选择课题，原则之一是贴近生产实际，有趣味性，使学生容易产生兴趣和学习积极性。原则之二是课题的难度适当，保证大部分学生能完成。再次，应重视工作环境和质量。如岗位的设置，贴近生产实际，强调一人一岗，保证操作练习的时间。重视联系工具、仪器仪表和材料的规范与实际相符合。工具规格齐全，符合生产实际；仪器仪表准确，完好无损；材料发放数量准确，质量合格。除了保证实训质量外，还培养学生文明生产、重视操作质量，培养良好的工作习惯。

教学实施过程中，教师在做好课前准备的基础上，或通过设置问题，或通过说明所学内容的意义而引入课题，唤起学生的求知欲，激发学生的兴趣，从而调动学生的学习积极性，为以后的各阶段做准备。实际教学过程中，有几点需要注意。

（1）选择合适的讲解场所　讲解场所尽可能靠近实训场地，同时为了方便教师讲解、提问和演示，保证学生注意力的集中，应尽量避开喧嚣和嘈杂的环境。使用专用一体化教室要避免教室摆放的设备对学生注意力的影响，必要时可将设备集中管理，使用时再下发。

（2）组织讲解的方式和内容　通过教师提问，在激起学生认知兴趣和动机、激发出学生寻求问题答案的欲望和思维积极性的基础上组织讲解。教师提问的问题应与讲解内容密切相关，且讲解内容应尽可能简明扼要、重点突出，不宜过于繁琐。讲解的内容可以是：介绍工作岗位，指出目标和任务，讲解事故危险和预防，了解预备知识和经验等。

（3）控制讲解时间　由于实训教学不同于理论课堂教学，不受严格的时间限制，有一定的弹性可供教师把握。所以在讲解时间上要进行控制，如果讲解内容过多、面面俱到，抓不住要点，或讲解过于拖拉，讲解烦闷冗长，容易导致学生疲劳、注意力分散，失去学习的兴趣和耐心。

（4）重视使用现代教学技术　教学媒体是教学内容的载体，是教学内容的表现形式，是师生之间传递信息的工具。随着科学技术的发展，教学媒体也在不断更新，充分利用现代化的教学工具，如幻灯、实物投影、多媒体课件等，可大大提高课堂的教学效率和效果。

2.1.2　示范操作　本阶段教师的行为仍占主导地位。教师首先将整个操作过程演示一遍，学生观察。对于较为复杂的操作学生不可能一下子学会，只是对其过程有所了解，知道指导教师到底是怎么操作的。此后教师再分步示范，并解释每一步是怎么做的，为什么这样做，使学生在感性认识的基础上，加深对理论知识的理解。通过教师的示范操作，让学生明确在教学活动结束以后应该掌握的知识和技能。

示范操作可以使学生直观、具体、形象、生动地进行学习，不仅易于理解和接受，而且可以清晰地把观察到的示范操作印记在脑海里。在组织教学中，应从做什么、怎么做、为什么这样做3个方面来实施教学计划，安排教学内容的展开。教师在讲解的同时，通过实物或教学用具向学生示范如何操作。

在这一阶段，教师在示范操作的同时，要辅以生动的讲授说明，让学生明确学习的目标，即在教学活动结束以后应该掌握的知识和技能，这样学生才知道应该观察什么、掌握什么。可以把学生掌握的知识和认真观察的目标，以题目形式交给学生。否则学生只能盲目地观察，抓不住领，不会收到良好的效果。同时要从做什么、怎么做、为什么这样做3个方面来实施教学计划，安排教学内容的展开。这样能充分调动学生的学习情绪，达到眼、耳、脑并用。

示范操作时重视安全操作意识的培养，"安全责任无大小"，实训教学要牢固树立

"安全第一"的思想，在教学过程中教师应始终保持高度的重视，培养学生在用电、工具使用等方面的安全意识。

　　教师讲解和示范操作时要注意讲、做一致，操作姿势、操作方法正确标准，仪器仪表、工具的使用、摆放规范有序。示范操作应做到步骤清晰可辨、动作准确、讲清动作要点及操作过程的注意事项。教师不规范的示范操作可能对学生产生负面的影响，影响学生对知识和技能的理解与掌握。由于我国现行的教育体制限制，班级学生人数较多，教师在示范操作教学时难以保证每个学生都能清晰完整地看到教师的示范，从而影响了教学质量。有条件的学校，在进行示范操作教学时可考虑对班级进行适当的分组，减少每次示范操作教学时的学生数，以到达提高教学质量的要求。

2.1.3　模仿操作　　这一阶段，学生行为占主导地位，教师在这个阶段主要起着监督和指导作用。通过教师示范，学生对操作过程有了进一步理解，这时学生开始模仿教师的操作过程，由学生自己进行学习活动，也就是学生按照教师示范动作的要求，自己动手模仿操作，对操作要领自我领会及消化，通过模仿最终实现知识和技能的掌握。从模仿过程中教师可得到反馈信息，了解学生的掌握程度。在此，教师要特别加以注意以下几个方面。

　　（1）注意学生的操作规范和安全规范　　学生养成良好的操作规范和安全规范可终身受益。教师在示范操作时会对操作规范和安全规范等注意事项进行强调，但是在学生的实际动手模仿中，有些学生重视不够，有的学生不熟练或紧张，容易出现操作不当甚至违规的现象。所以，教师在学生模仿操作过程中，一定要认真仔细地检查指导，尤其要将安全放在第一位，发现不正确的操作和安全隐患要及时指出，并加以纠正，强化学生的安全操作意识，使他们养成良好的生产实习行为习惯，这将使学生终身受益。

　　（2）发挥教师的主导作用　　由于学生刚刚开始进行模仿操作，还不具备完善的知识和技能，在模仿过程中会出现各式各样的问题。在此，教师要鼓励学生自己多动手，在学生第一次尝试时，不要用批评或修正去打断他，更重要的是指导学生进行操作训练。教师在此过程的主导作用要体现在时刻注意学生的操作方法是否正确，安全规程的遵守情况，操作效果怎样，帮助学生解决实际操作遇到的技术、技能、质量方面的问题。如果学生不能正常模仿，教师要重复示范。

　　（3）注意发挥学生典型的作用　　要让操作又快又好的学生现身说法、介绍经验，其他同学可根据自己的操作情况进行补充，达到以点带面、交流经验、共同提高知识和技能的目的，从而增强全班学生的信心。

　　（4）有的放矢地组织学生分组练习　　由教师根据学生的人数及项目内容将学生分成若干个小组，每次由小组中一位成员对教师的示范操作进行模拟演示，其余学生在旁观摩、观察，学习并讨论，鼓励学生在课堂发表与别人、甚至与教师不同的见解，要敢于挖掘、探索教师在教学过程中未涉及的领域。通过小组的观摩活动，可以活跃课堂气氛，而且学生通过观察和讨论可以调动个体的思维活动，提高学生分析问题、解决问题的能力。

2.1.4　操作练习与总结　　在模仿练习后已掌握了操作方法，下一步是独立操作和巩固，这是一个反复进行的过程，即练习—测试—纠正—再测试—再练习。通过反复，使技能巩固熟练，达到熟能生巧的程度。这一反复过程，或独立练习，或以小组形式练习。无论采取何种形式，学生必须把每个过程的 3 个问题即做什么、怎么做、为什么这样做弄清楚。这时教师应该观察学生的操作过程，注意纠正学生的错误，并不断检测学生的学习效果，判断学生是否完成学习目标。在这个阶段中应注意工作的准确性和质量，应严格要求，不合格坚决返工，不让学生养成不良的操作习惯，培养学生的质量意识和严谨的工作态度。

最后，教师对整个教学活动进行归纳总结，指出重点、难点以及操作过程中需特别注意的问题等，也可以通过提问了解学生对知识的掌握程度。在此基础上，由学生自己通过练习，逐步对所学知识达到完全掌握和熟练运用的程度。这里要特别注意培养学生自主分析和解决问题的能力。在传统的教学过程中，教师对教学活动归纳总结时，多是由教师唱主角，对学生的成果进行点评，指出模仿操作或练习过程中存在的问题，却很少注重学生自主能力的培养，学生只是被动接受，难以形成自己的观点。实际上在"四阶段教学法"的教学环境下，教师应结合教学过程中了解、掌握的信息，启发学生自主探究，找出解决问题的方法，形成结论，帮助学生把实践经验和感性认识提升到理论的高度。在此过程中，教师还可以取一部分学生练习中的"作品"，组织学生进行点评和讨论，让学生作为教学主体对自己的实训"作品"进行评价，教师从旁加以引导。

2.2　现代四阶段教学法

2.2.1　引出问题，商榷答案
教师可以用不同方式演示单元任务，并提醒学生问题的实质，通过提示、提问等方式激励、唤醒学生学习的积极性和主动性；布置小组任务。

学生进行分组，分组后小组内部讨论"做什么、怎么做"，独立获取信息。根据任务组员之间分配任务；然后小组讨论，获取完成任务的信息。

本阶段应注意的是，教师根据学生能力层次分好组，每组都是由强、中、弱组合在一起，以便集思广益，互取所长，最后初步拟定完整工作计划。

2.2.2　提供帮助，讨论建议
学生在讨论做什么、怎么做时往往会产生争议，此时教师应及时出现、认真听取学生的计划并指导学生做出合理、科学、正确的计划。当学生考虑问题不全面时，教师应及时进行引导，让学生发现问题，改正问题。学生应根据自己的推理或教师的指点，独立制订详细的执行计划。

在本阶段教师要耐心地对每组的讨论过程进行倾听，先不要打断，待学生讨论完，再向学生提出教师所持的疑问，经辩论后给出合理建议。

2.2.3　说明原理，解答难题
教师需及时回答学生的问题，并及时引导学生灵活运用相应的理论知识。学生通过查阅资料和与教师咨询实施任务，解决问题。

本阶段实验与检验同时进行，不断修订方案，调整进度，小组成员间分工要明确，还要团结协作。

2.2.4　制定标准，评估结果
教师对学生完成的任务结果进行检查评价，学生也针对标准进行独立的评估。

教师制定的评价标准要细化，包括工作态度、任务责任心、操作规范性、工作结果准确度等方面。

第二节　四阶段教学法应用

【学习目标】通过实例学习掌握四阶段教学法的教学组织特点和过程，能够将四阶段教学法运用于相关课程之中。

教学案例一　花卉扦插繁殖技术

【教学内容】扦插繁殖是花卉常用的无性繁殖方法。本次教学学习花卉的扦插繁殖技术。具体包括：①扦插繁殖的原理；②扦插繁殖的特点及种类；③扦插繁殖场地及条件；④插穗的剪截及处理；⑤扦插及插后管理。

【教学目标】

知识目标：扦插繁殖的原理及扦插生根的条件。

能力目标：熟练掌握花卉扦插繁殖的方法与技术；掌握插后管理的要点；培养学生动手能力。

情感目标：培养学生的专业兴趣。

【教学对象】园林专业本科二年级学生。

【教学环境】准备阶段学生利用教室、图书馆、网络等环境或资源查阅资料，实践过程需要一定种类和数量的花卉植株和扦插繁殖的场地、设备，如扦插床或扦插盘、全光雾插设备。

【教学过程】

1　准备阶段

教师课前准备：联系安排实践地点、用具、材料，制订安全预案，通知学生实践任务、目标及所用携带的工具。

教师实施过程的准备工作：需要设置什么问题激发学生的兴趣，在哪里集中讲授、讲解，主要内容及时间控制。

学生准备：复习已讲过的扦插繁殖的知识，准备工具（修枝剪）。

2　组织实施阶段

（1）示范操作

①扦插繁殖的设施设备介绍：在现场，教师介绍扦插床、扦插盘、全光雾插设备及其特点，所用的基质材料特点。演示扦插基质消毒的方法（为节约时间，教学实施之前已完成，因常用的药剂消毒方法在消毒后需要放置1~2d）。此阶段可以提问，了解学生对花卉扦插繁殖的原理、知识掌握的情况。如扦插繁殖是一种什么样的繁殖方法？为什么可以进行扦插繁殖？你进行过哪些种类花卉的扦插繁殖？

②插穗的剪截及处理：教师边讲授边进行插穗的剪截：剪取菊花茎、虎尾兰叶、燕子掌叶、芍药根分别示范茎插、叶插、根插插穗的剪截方法，注意强调插穗的长度、上

下剪口剪截方法、叶片处理方法等关键环节，然后介绍生产上常用的促进生根的方法，可以以提问的方式启发学生对生长激素的了解、应用，示范生根粉或吲哚乙酸等药剂的配制方法，并对插穗进行处理。

③扦插：将处理好的插穗在扦插场地进行扦插。注意草本花卉茎叶柔软，需要先打孔再扦插；扦插深度宜浅，一般为插穗的 $1/3 \sim 1/2$；插穗的密度为叶片稍有互相交叉为宜（指嫩枝扦插）；插后浇透水；全光雾插后见全光，无该设备的一般扦插床或扦插盘插后置于遮阴处。

④插后管理：教师对插后管理的光照、温度、水分、湿度条件重点强调，插后管理环节让学生自己扦插后实践。

⑤教师将整个过程完整操作一遍。

（2）模仿操作　　找部分学生进行扦插整个过程的操作。注意使用修枝剪的安全。教师针对学生的操作指出操作不规范或错误之处并加以纠正。

（3）操作练习及总结　　所有学生进行扦插。指定扦插的花卉种类、面积或插穗数量，也可以以小组形式练习。教师要仔细观察学生扦插各环节是否规范、正确，及时询问学生掌握知识情况，纠正不规范操作，针对个别学生再次进行示范。检查所有学生插穗剪截正确性及扦插情况，对整个教学活动进行总结，指出本次活动的难点、重点及注意事项。也可以提问检查学生对知识技能掌握的情况。

扦插后的管理由学生个人或小组负责，根据生根快慢在适宜的时间检查生根率及根系生长情况。

3　成绩评价

成绩评价由学生自评、组内评价、组间互评、教师评价共同构成，评价内容包括知识能力、操作技能、学习态度、团结协作等方面，评价表的设计及权重与学生讨论制定。

【效果评价】主要是通过问卷、访谈等形式针对本次四阶段教学法的运用教学效果、对学生能力培养情况进行评价。

教学案例二　培养基的配制与灭菌

【教学内容】植物组织培养技术是现代科学研究及植物快速繁殖的重要技术，而培养基的配制是进行组织培养的基本技术。本次教学学习培养基的配制及灭菌。具体包括：①培养基的作用及组成；②培养基配制的过程及步骤；③培养基灭菌的仪器设备及原理；④培养基灭菌的方法；⑤培养基的分装。

【教学目标】

知识目标：掌握培养基的作用及组成，了解培养基灭菌的原理。

能力目标：熟练掌握培养基配制的步骤与方法，掌握高压灭菌锅的使用方法。

情感目标：培养学生的专业兴趣及团结协作精神。

【教学对象】园林专业本科二年级学生。

【教学环境】准备阶段学生利用教室、图书馆、网络等环境或资源查阅资料，实践过程需要组织培养实验室，实验室中需要的玻璃器皿、药剂、高压灭菌锅等仪器设备。

【教学过程】

1　准备阶段

教师课前准备：联系安排实践地点、用具、材料，制订安全预案，通知学生实践任务、目标。

教师实施过程的准备工作：需要设置什么问题激发学生的兴趣，在哪里集中讲授、讲解，主要内容及时间控制。

学生准备：复习已讲过的组织培养的知识，培养基的基本成分、作用。

2　组织实施阶段

（1）示范操作

① 组织培养实验室主要设备介绍：在实验室，教师介绍主要仪器设备及该项实验需要的设备、用具。

② 培养基的母液介绍及培养基配制：大量元素、微量元素和其他成分的母液已经配制好保存于实验室，并标有相应的浓度。教师示范并讲解配制 1L 培养基所量取各母液的用量，并加入蒸馏水、蔗糖、琼脂，搅拌加热使琼脂完全溶化，调整 pH，用蒸馏水定容至终体积。

本阶段可以提问：关于培养基的组成及其作用，配制母液时的注意事项。引导学生掌握进行组织培养的原理。

③ 培养基分装：演示培养基分装的方法，提醒注意事项。

④ 培养基的灭菌：教师介绍高压灭菌锅的使用方法、灭菌原理、注意事项。将已分装封好的培养基置于高压蒸汽灭菌锅中灭菌。教师演示高压灭菌锅的使用方法（灭菌条件为温度 121℃，压力 0.105MPa，注意要把锅内的空气放掉等）。

⑤ 教师将整个过程完整操作一遍。

（2）模仿操作　　找 2～3 名学生进行培养基配制及灭菌整个过程的操作。注意使用高压灭菌锅的安全。教师针对学生的操作指出操作不规范或错误之处并加以纠正。

（3）操作练习及总结　　所有学生分组进行实验。教师要仔细观察学生操作各环节是否规范、正确，及时询问学生掌握知识情况，纠正不规范操作，针对个别学生再次进行示范。检查所有学生培养基配制的情况，是否出现异常。指出本次活动的难点、重点及注意事项。也可以提问检查学生对知识技能掌握的情况。

3　成绩评价

成绩评价由学生自评、组内评价、组间互评、教师评价共同构成，评价内容包括知识能力、操作技能、学习态度、团结协作等方面，评价表的设计及权重与学生讨论制定。

【效果评价】主要是通过问卷、访谈等形式针对本次四阶段教学法的运用教学效果、对学生能力培养情况进行评价。

第九章　头脑风暴法

【摘要】头脑风暴教学法是一种"以学生为中心，以活动和问题为主线，平等参与"的课堂教学应用，是一种提高学生创造性思维能力的有效方法。园林专业是一个需要创意和想象力的专业，使用头脑风暴教学法可以充分发掘学生的思维空间，在准备、发言、倾听、思考等过程中加深对专业的认识，在特定的情境中获得群体探讨经历。头脑风暴教学法几乎适合所有园林专业的课程教学。

第一节　头脑风暴教学法介绍

【学习目标】了解头脑风暴教学法的概念、教学意义，掌握头脑风暴教学法的教学实施步骤。

1　头脑风暴教学法的概念

"头脑风暴"（brain storming）是教师引导学生就某一课题，自由发表意见，教师不对其正确性或准确性进行任何评价的方法。"头脑风暴"法与俗语中的"诸葛亮会"类似，是一种能够在最短的时间里，获得最多的思想和观点的工作方法，已被广泛应用于教学、企业管理和科研工作中。

2　头脑风暴教学法的内涵

头脑风暴法由奥斯本在其 *Your Creative Power* 一书中作为一种开发创造力的技法正式提出，并定义为 "a conference technique by which a group attempts to find a solution for a specific problem by amassing all the ideas spontaneously by its members"（Osborn，1948）。"其核心思想就是把产生想法和评价这种想法区分开来"（Osborn，1963）。头脑风暴法的核心是人的创造性想象力。

头脑风暴理论的实质是描述一种情景，当一群人围绕一个特定的兴趣领域产生新观点的时候，这种情境就叫做头脑风暴。头脑风暴教学法则是通过营造这种情境达到教学目的的教学方法。头脑风暴教学法是一种"以学生为中心，以活动和问题为主线，平等参与"的思想精髓在课堂教学中的应用，是一种提高学生创造性思维能力的有效方法。它通过提出的问题，在学生各自不同的知识结构和生活经验的基础上，引导学生通过观察、思考、讨论，挖掘出不同的疑问和想法，使其互相碰撞，充分激化新的需要与原有思维结构之间的矛盾，暴露思维过程，使学生在探求正确解答的过程中，正确的想法得到强化、错误的想法得以摒弃，自然而有效地进行自我建构。

园林专业是一个需要创意和想象力的专业，使用头脑风暴教学法的目的就是充分发掘学生的思维空间，在准备、发言、倾听、思考等过程中加深对专业的认识，在特定的情境中获得群体探讨经历。

3　头脑风暴教学法的特点

头脑风暴教学法的思维类型是创造学中重点介绍的发散思维。这种教学方法充分重视参与者在风暴过程中分析问题、解决问题的能力训练并掌握相关专业知识，符合现代园林教育注重学生综合能力培养的要求。

作为一种教学方法，头脑风暴法有创造性和集体性两个明显的特点。

① 创造性特点：头脑风暴法的实施以创造性的想象为基础，它让与会者解放思想，使各种设想在相互碰撞中激起脑海中的创造性风暴，用高度活跃、打破常规的思维方式产生大量创造性设想。

② 集体性特点：指的是其形式是以班级或小组的集体活动进行的，参与者针对教学主题进行思考并进行交流讨论，形成互相之间的启发和激励，使教学活动持续并达到教学目的。头脑风暴法的讨论会议使用了没有拘束的规则，参与人员通过自由思考，进入思想的新区域，从而产生很多的新观点和问题解决方法。在小组活动情境下，每当一个人抛出一个想法，这个人所激发的就不光是他自己的想象力，在这个过程中与会的其他人的想象力也将受到激发。头脑风暴法在每个人的大脑中产生震动，这会激起一系列联想性反应。

除具有创造性和集体性两个明显特点外，头脑风暴教学法还具有发散思维的 4 个主要特点：流畅性、灵活性、独创性和精细性。

① 流畅性：是指在有限的时间里，激发群体的智慧，产生大量的想法、观点或解决学习课题的技术手段。其主要特征是在短时间内不间断地涌出足够量的思维成果。

比如，A、B 两个同学讨论"在街道上栽植行道树有哪些作用？"

A："可以使街道看起来更漂亮。"

B："遮阴、使司机集中注意力、统一街道景观、减轻交通事故。"

显然，B 同学的流畅性比 A 同学好。两位同学在 1min 内提出了 5 种答案。假如在五六个人的小组讨论会上探讨这个问题，将会产生更多的答案。

② 灵活性：是指不同的思维方向形成的发散类别、同一思维方向引发的发散方面的多重性。不是"一条道走到黑"，而是"条条道路通罗马"。

比如，A、B 两个同学讨论"在园林中栽植一片松林可以干什么？"

A："美化环境，吸收毒气，阻滞粉尘。"

B："采松脂，采收松子，保持水土，招引松鼠，林中供人野餐、谈恋爱，收集松针制作酸性腐叶土。"

显然，B 同学的灵活性优于 A 同学。因为他从不同的方向发散，视野宽、思路广、点子活。

③ 独创性：是指思维成果的新颖性或罕见程度。它的直观表现是异想天开、与众不同、独树一帜、语出惊人。

比如，A、B 两个同学讨论"假如园林中的一棵千年古柏死掉了，应该怎么办？"

A："没办法，把它伐掉算了。"

B："对死树进行防腐，然后在旁边栽一棵藤木，让它爬上去。"

显然，B 同学的独创性强于 A 同学。想法有创意，巧妙地利用了死树。

④ 精细性：是指能通过对"一次风暴"产生的思维成果，经过"二次（或多次）思维风暴"加以深化、完善、评价、优选，获得最佳的思维成果。

比如，在探讨景观的统一性时，"一次风暴"的成果认为，树群和树群之间要建立一定的联系，至于如何建立树群间的联系，没有形成结论。于是决定召开第二次讨论会。"二次风暴"会议之后，认为可以"通过在树群间配植树丛和孤植树的方法建立联系"；也可以"通过在两个树群中出现相同树种的方法建立联系"；最好是"两种手法并用"。可见，通过"二次风暴"成果得以深化和完善。

4　头脑风暴教学法的功能

传统的职业教育教学中，人们常常把教学的重点放在传授理论知识和职业技能上，而很少考虑到培养学生的想象力和创造性。学生在学习过程中很少有自己的发散思维和想象空间，很少有将合理的幻想与现实职业世界相结合的机会。这在很大程度上束缚了学生创造能力的发展，是造成学生高分低能、创造能力低下的重要原因。头脑风暴法通过其创造性特点可以在一定程度上弥补以往教学在此方面的不足。

头脑风暴式会议本身是一个社会交往过程。对于每个学习者个人来说，有获得社会尊重的需求，即班级或小组其他成员的尊重。在头脑风暴活动中，个人要在小组中取得一定地位，他就得和别人竞争，而要成功做到这一点只有想出更多的创意。通过头脑风暴这种集体性、社会性的学习特点，可以对提高学生的社会交往能力起到积极作用。

5　头脑风暴教学法的教学设计和实施

5.1　头脑风暴教学法的应用场合

"头脑风暴"教学应在一个开放、轻松的环境中进行，时间很短。可将其插入到任何一个教学单元或工作过程中。但是对各种意见的评价和整理需要花费较多的时间。

在教学实践中，"头脑风暴"法适用于解决没有固定答案的或者没有标准答案的问题，以及根据现有法规政策不能完全解决的实际问题，如商品销售中的买卖纠纷、导购、广告设计、加工专业的工作程序设计教学等。

头脑风暴会议时间由主持人掌握，一般来说以几十分钟为宜。时间太短与会者难以畅所欲言，时间太长则容易产生疲劳感，影响会议效果。经验表明，创造性较强的设想一般要在会议开始 10～15min 后逐渐产生。美国创造学家帕内斯指出，会议时间最好安排在 30～45min，倘若需要更长时间，就应把议题分解成几个小问题分别进行专题讨论。

5.2　会前的准备

确定主持人：一般而言，头脑风暴会议需要有一个主持人。主持人的主要职责是对头脑风暴会议的掌控、引导，使其达到预期目的。主持人对头脑风暴会议实施的质量高低有重要的意义，主持人的激励和与会者积极地参与讨论是头脑风暴成功的基础，因此主持人的准备是很重要的。在职业教育教学中，主持人通常可以是教师，也可以挑选合适的学生担任。主持人不一定要有深厚的专业知识，重要的是有较好的表达能力、归纳能力以及对会议进程的掌控能力。

安排记录员：根据对头脑风暴产生信息的记录方法和要求的不同，头脑风暴法会议可以考虑安排记录员。记录员的职责是负责记录与会者在头脑风暴过程中产生出来的各种想法和结果。记录员的参与工作，一方面可以使所有的信息不致丢失，另一方面可以使头脑风暴实施者注意力集中在开动脑筋想问题上而不被记录文字所打断，使头脑风暴顺畅进行。

形成讨论小组：头脑风暴法实施的是一种集体讨论会议，讨论的单位可以是小班或小组。一般以 10~15 人为宜。与会者人数太少不利于互相启发、激发思维；而人数太多则不容易掌握，干扰太多使参加者的注意力分散，并且每个人发言的机会相对减少，也会影响会场气氛。在特殊情况下，与会者的人数可不受上述限制。

场地和座位：头脑风暴会场在有可能的情况下可作适当布置，例如圆桌会议形式，或将座位排成 U 形，主持人位于 U 形的开口处。这样的场地和座位布置较之于教室课桌形式的好处是，每个与会者互相都有面对面的目光交流，这对头脑风暴法的相互激励、开发思维是有利的。在条件困难的情况下，用传统的教室座位形式来进行头脑风暴会议也是可行的。

熟悉规则和注意事项：从方法角度而言，头脑风暴法有自己的实施程序和规则。为了保证创造性讨论的有效性，参加头脑风暴会议的成员应该了解头脑风暴法的实施规则并在实施过程中遵守。具体的规则在下文中详细论述。

5.3　头脑风暴法的实施步骤　　　头脑风暴法的实施大致可以分为 3 个步骤。

第一步：确定主题、引入讨论

一个高效的头脑风暴会议从对问题的准确阐述开始。在开始头脑风暴会议时，要使与会者明确，通过这次会议需要解决什么问题。主持人用语言或文字的形式明确告诉与会者讨论的主题和要达到的目的，使得后面的头脑风暴讨论的目标明确，有的放矢。讨论主题可以很具体，也可以比较抽象。一般而言，比较具体的讨论主题能使与会者较快产生想法，主持人也较容易掌握；比较抽象和宏观的议题引发想法的时间较长，但想法的创造性也可能较强。在明确主题的基础上，主持人创造一种宽松自由的讨论氛围，通过一些激发性的问题将参加者的思绪引入对讨论主题的思考。

第二步：激发思维、产生想法

与会者在明确了讨论主题和目的的基础上，以及在主持人的引导下进入对问题的积极思考并踊跃发言，将自己的想法表达出来。记录员将每个人的想法记录下来并展示出来，如写在黑板上或写在纸条上张贴出来。头脑风暴参与者一方面可以无拘无束地表达自己的想法，另一方面可以从他人的想法中得到启发、获得灵感，形成自己的想法并进一步表达出来，在相互启发和积极思考中产生会议过程中的脑力激荡。如同宁静的池塘中扔进一块石头，在平静的水面上激起一阵涟漪不断扩散开来。在发散性思维过程中获得越来越多的解决问题的想法。

主持人注意把握会场气氛，力求会场处于思想碰撞和积极思考的氛围中，鼓励各种观点的充分表达，在会场讨论气氛低落时用激励性的话语或问题激发参与者的情绪，在讨论偏离主题时及时干涉。

第三步：处理想法、形成结果

在收集了一定数量的对问题的想法（如记录员的记录结果）后，需要对结果进行处理。这时可以对有关结果进行讨论分析、归类总结，形成结论性的成果，完成头脑风暴会议。

当然，通过分析归纳总结形成逻辑性合理的结论，这本身已经超出了头脑风暴的范畴，所以这个过程也可以放在与头脑风暴会议在时间上分离的时间单元里，并非一定要在头脑风暴会议中当场形成最后结论或确定的工作方案。

5.4　头脑风暴法的规则　　头脑风暴法在实施中有一定的规则，这些规则是与头脑风暴法的教学目标和功能联系在一起的。

规则一：不作批评，延时评价

在形成想法、提出观点的过程中，所有与会者——包括主持者和发言人，都不能对别人提出来的想法和观点进行是好是坏的评价。特别是主持人更要避免使用诸如"不对，你的观点有问题"或"这个想法有点可笑"等诸如此类带有评判性的话语，同时也要在与会者对他人的想法发出批评或嘲笑时给予纠正，注意保护发言者的积极性。要让每个人都不受限制，克服大脑的思考禁区。否则就可能使与会者产生思维禁区，或人云亦云，不能提出有创见的设想或方案。在需要作出对错与否或是否合理评判的场合，应该遵循对事不对人、延时评价的原则，在提想法的过程中不予置评或可以采用匿名提交想法的方法，在最后分析处理总结阶段进行点评。

这一点在职业教育教学中具有特别的意义。在传统教学方式下，职业学校的学生在很多情况下积极和自主思考问题的意识较差，部分学生因为成绩差、缺乏自信，怕回答错误招致嘲笑或斥责而不踊跃回答问题，往往是在教师提问下被动的回答问题。同时教师提的问题常常有一个标准答案或者说一个对的答案，学生很容易答不上来，感觉丢脸，因而制约了学生自主思考和主动发言的积极性。而在头脑风暴法学习过程中，学生提出的每个点子或想法都被接受而无对错。这种宽松的教学环境降低了学生进入交互学习、自主讨论的门槛，提高了学生学习自信心和积极性，这是非常重要的。

规则二：欢迎离奇想法，鼓励创新

头脑风暴法鼓励的是积极的、即时的、发散性的思维，让与会者驰骋思绪，甚至异想天开，想什么就说什么而不要有顾忌。头脑风暴法的思维并非是对某事物或问题的深思熟虑，所提出的观点或想法也不一定是深思熟虑的结果，而可以是对某个事物或问题的即时的、有可能是灵光一现的想法，当然思考者本身对该事物或问题是有一定认识的。从创造性培养的角度来讲，仅仅有循规蹈矩而没有异想天开，创造性是不足的。

关于在头脑风暴中的离奇想法获得应用，有一个关于烤面包机的例子。美国有家公司生产烤面包机，不满于本公司产品的现状，于是组织头脑风暴会议，希望开发新产品。会议上大家众说纷纭，有个公司的清扫工发言说，希望给面包机加一个抓老鼠的功能，引来哄堂大笑。主持人鼓励清扫工说出理由，她说打扫卫生时发现面包机旁常有老鼠活动的痕迹。于是思路逐渐引导到：烤面包—掉面包屑—引来老鼠—改进面包机使之不掉面包屑—新产品"带抽格的面包机"。

规则三：鼓励巧妙地利用并改善他人的想法

作为头脑风暴法的集体讨论会，某一个人的一个"闪念"可能会引起许多人的联想。所以俗话说"三个臭皮匠，抵个诸葛亮"就是这个道理。在头脑风暴法教学中，应该鼓励学生之间的相互启发联想，不要因为有人提过就不能提，不值得提，而应该鼓励在别人想法基础上的再创造。与会者相互启发，可以滚雪球般形成越来越多新的想法。

规则四：追求设想的数量

一般来说在头脑风暴中，提出来的假想、方案、主意越多越好，即要求达到足够的数量。这样才能从众多的假想、方案、主意中选择最佳方案，或者得到创造性的启发。想法越多，所包含的对问题解决的元素也就越多。当然想法多，对于随后处理想法，进行分析归纳，形成最后解决问题的方案所需要的时间也越多。在教学中教师作为主持人可以根据教学目标的设定适当把握处理。

第二节　头脑风暴法应用

【学习目标】能够根据教学内容利用头脑风暴教学法进行教学设计并组织实施。

教学案例一　园林树木配植的原则

【教学内容】探讨和归纳园林树木配植的原则。

【教学目标】通过头脑风暴教学法使学生在讨论中利用已具备的知识背景，充分发挥想象，在发言中总结自己的思想，在倾听中了解别人意见，在探讨中拓宽自己思路，在完毕后对园林树木配植的原则有更深的理解和总结，同时学会运用头脑风暴法去寻找解决问题的方法，提高学生的创造力。

【教学对象】园林专业二年级学生，已学过植物学、土壤学、植物生理学、园林生态学、园林艺术、园林苗圃等课程，有一定专业基础。

【教学环境】教室、黑板、粉笔。

【教学过程】

1　准备

课前教师需要精心研究头脑风暴教学法，深刻领会其主要内涵。还要分析把握这一阶段学生的知识背景、接受能力及心理特征。

2　引入主题

开始上课后，教师首先宣布讨论主题，并安排一名同学在黑板上做记录，然后给学生留一小段时间以蓄势、思考。

老师：各位同学，前几次课我们讲授了有关园林树木的识别、生态习性、观赏特性等内容，了解了园林树木应用的科学性基础和艺术性基础，下面我们将学习如何应用园林树木，本次课程我们将先讨论一下园林树木配植的原则问题。从各种各样的园林绿地中，我们不难发现，园林树木的配植可以说千变万化，在不同地区、不同场合、不同地点，由于不同的目的要求，可有多种多样的组合与种植方式；同时，由于树木是有生命的有机体，是在不断地生长变化，所以能产生各种各样的效果。因而树木配植是个相当复杂的工作，也只有具有多方面广博而全面的学识，才能做好此项工作。然而，配植工作虽然涉及面广、变化多样，但也要有基本原则可寻。下面就按同学们现有的知识背景和日常的亲身体验共同讨论一下园林树木在配植时应遵循什么基本原则。希望大家放开想象，积极发言，充分利用自己的机会。请大家先思考一下，5min 后开始发言。请×××同学在黑板上记录一下大家的发言内容。

3　组织讨论，轮流发言

教师宣布开始，让学生举手示意，教师指定学生按顺序说出自己的想法，教师不做评价，只是作为主持人维持秩序和局面。

老师：好了，我们现在开始，请大家畅所欲言。

学生 A：我觉得最重要的一点是要把树木种活，否则就什么也谈不到了。

学生 B：我觉得很重要的一点是配植出的景观要美观，因为从前面的学习中我们知道园林树木的一个重要功能就是美化功能。

学生 C：我觉得园林树木的配植应该做到经济合理，以最少的钱办更多的事，虽然我们国家现在比以前富裕了，但也要注意节约。

学生 D：前面我们学过了园林树木的生态习性，我觉得园林树木的配植要符合其生态习性，否则就难以成活，我听前几年毕业的学长说，他们在曹妃甸栽树就很困难，原因主要是盐碱土和海潮风，很多树都活不了。

学生 E：我觉得园林树木的配植要有地方风格，各地的植物景观各具特色才有意思，否则出去旅游就没有什么意思了。

学生 F：一个城市中不同地点的树木景观应该有不同的特色，这样才能对游人有吸引力。比如，在北京，景山公园的牡丹景观很有特色，玉渊潭公园的樱花景观有特色，紫竹院公园的竹子景观有特色，香山公园的黄栌景观有特色。但如果把这些树木混合到一起再平均分到各公园，恐怕就没有这么有特色了。

学生 G：园林树木的配植要满足功能上的需要，比如，公路两边的树木应该有遮阴的功能，但有些地方却在路边栽植柱形的圆柏，遮阴效果很差，到了夏天路面很热。

第一次"风暴"结束，老师做一下总结和补充。

老师：大家说得都很好，说明大家都在积极动脑筋；记录的同学写得也很清晰，辛苦了！下面我们根据记录做一下总结。从同学们的发言中，可以总结出园林树木配植的 3个基本原则，即适用原则、美观原则和经济原则。适用原则包括了同学 A、同学 D 和同学 G 的发言，三位同学的发言可归纳为适用原则下的两个基本点：①符合树木的生态习性要求；②满足主要功能的需要。

美观原则包括了同学 B、同学 E 和同学 F 的发言，这三位同学的发言也可归纳为美观原则下的两个基本点：①突出有地方风格；②保持各自的特色（同一个城市内）。另外，请大家考虑一下，为了做到美观，是否还要增加两个基本点，即③要满足立意的要求，因为树木配植前要有一定的立意，或春华秋实、或芬芳馥郁、或浓荫匝地，等等，不同的立意选择的树种和配植方式有很大的区别。④处理好局部和整体、近期和远期的关系，前者是避免整体景观支离破碎，风格不统一；后者则是保障景观的稳定性。C 同学的发言则指出了树木配植的经济原则，但如何做到经济合理呢？请大家再考虑一下，然后发言。

几分钟后，老师请同学发言，探讨经济原则的基本点（发起第二次"风暴"）。

学生 E：用当地原产的树木，因为当地原产的树木能适应当地的环境条件，成活率高。

学生 B：多用当地生产的苗木，少用外来的苗木，可以减少运输费用。

学生 C：多用小树，少用大树，因为大树价格高。

学生 A：设计要合理，避免使用不适合当地环境条件的树木，造成死亡和返工。

老师：思路还可以展开一些。

学生 D：栽植树木时要认真，避免树木因栽植不合理造成死亡。

学生 G：用一些能产生经济效益的树种，比如柿树、葡萄等。

第二次总结：很好，同学们从不同角度探讨的经济原则的基本点。总的来说，大家的发言可归纳为两个方面，也就是我们经常说的"开源节流"。G 同学的观点属于"开源"的一面；E、B、C、A 同学的观点则属于"节流"的一面。这样我们就可以把经济原则归纳为以下基本点：①尽量用乡土树种；②能用小树取得比较好的效果时，尽量不用大树；③设计合理，避免返工；④用一些能够产生经济效益的树种。至于 D 同学的发言，应属于施工的范畴，而园林树木的配植应属于设计的范畴，因此，不应包括在本次讨论的范围以内。

以上是通过大家讨论得出的园林树木配植的基本原则，在园林树木配植时大家应该遵循这些基本原则。但事情没有绝对的，在特殊情况下，有时也会出现不完全遵守这些基本原则的情况。比如，天安门广场的绿化就是一个例子，为了烘托好人民英雄纪念碑，表现中华儿女的坚贞意志和革命精神万古长青、永垂不朽的内容，选用了种植大片油松的方案。但是，如果仅从树种的习性来考虑，则侧柏和圆柏均比油松更能适应广场的生境，就不会有现在需换植一部分生长不良的枯松的麻烦，在养护管理上也省事和经济多了。但是天安门广场绿化的政治意义和艺术效果的重要性是第一位的，油松的观赏性比侧柏、圆柏的观赏性更能满足这第一位的要求，因此，尽管油松的适应性不如后二者，但仍然被选中。由此看来，在以上我们总结出的 3 个基本原则之下，还要增加一个原则，即灵活的原则。

4　课程总结

老师：今天大家对园林树木配植的基本原则进行了讨论，每个人都有自己的想法，发言也很积极，希望大家以后继续发扬。这样，我们在大家已有的知识背景下，通过集思广益，得到了比较圆满的结果，由于是我们开动脑筋，自己得到的结论，也会给大家留下深刻的印象，相信在将来的园林设计的学习和工作中，大家会主动去遵循这些原则。我们今天的讨论很精彩，谢谢大家！

教学案例二　理解园林要素的造景方法

【**教学内容**】理解和总结园林要素造景的方法。

【**教学目标**】通过头脑风暴教学法使学生在讨论中利用已具备的知识背景，充分发挥联想和想象，在发言中总结自己的思想，在倾听中了解别人意见，在探讨中拓宽自己思路，在完毕后对园林要素的造景方法有更深的理解，同时学会运用头脑风暴法去寻找解决问题的方法。

【**教学对象**】园林专业三年级学生，已学过植物学、园林生态学、园林艺术、园林植物、园林建筑等课程，有一定专业基础。

【**教学环境**】多媒体教室，黑板、粉笔。

【**教学过程**】

1　准备

课前教师需要掌握风暴教学法的教学过程和教学特点，研究确定该教学内容适合用头脑风暴法进行教学；分析把握这一阶段学生的知识背景、接受能力及心理特征；公布课题探讨主题：

理解园林要素的造景方法——运用园林要素对学校主教学楼中庭空间进行景观设计，下发设计基址图（图 9-1），让同学们能够课下翻阅资料，形成独自的观点。

图 9-1　建筑中庭景观设计基址图

2　课题呈现

开始上课后，教师首先宣布讨论主题，并安排一名同学在黑板上做记录，然后给学生留上一小段时间以蓄势、准备。

老师：各位同学，大家好！大家都知道，地形、水体、建筑、植物、空间是园林的组成要素。在一个园林基址中，怎样利用这些要素来设计优美生态的园林景观呢？园林要素的造景方法是什么？今天，我们要采用头脑风暴法来进行这个内容的教学，同学们将成为教学活动的主体。整个教学过程的头脑风暴讨论分为两个阶段：第一阶段，轮流发言；第二阶段，自由探讨。要求同学们在讨论过程中，积极思考，勇于发言，善于倾听，开拓思路。我们以一个具体的实例来学习园林要素的造景方法，大家请看基址现状图片（图 9-1）。这是我校主教学楼的中庭空间，是一个六层建筑的中庭，我们怎样利用园林要素来进行景观营造？请大家先独立思考，整理自己的思路，5min 后开始发言。请×××同学在黑板上记录一下大家的发言内容。

3　轮流发言

教师宣布开始，学生按座位顺序依次发言，教师不做评价，只是作为主持人维持秩序和局面。

老师：同学们，大家已经进行了一段时间的思考，我们现在开始，请按座位顺序依次畅所欲言。

学生 A：我认为这个空间铺装呆板，建筑线条直硬，设计水体并不合适，要以植物为主，用植物增加生气。可用常绿低矮的灌木和草本。在植物中间设置园路，并增加小广场。

学生 B：我觉得这个地方应该是一个课间休息或者适合看书的地方，在中间设计一个水景雕塑，周边可以放置长椅。

学生 C：我觉得可以设一个亭子，能够遮风避雨，任何天气都能在这里休憩和读书。

学生 D：这是一个大学的主楼建筑中庭，放些文化石。放些艺术价值高的盆景。

学生 E：我觉得可设置观赏价值高的小乔木。

学生 F：我认为适合设计景观文化墙，进行校园文化的宣传。

学生 G：我认为要专项设计地面铺装，让铺装也成为一景。

……

4　自由探讨

教师宣布开始，学生自由发言，有新的想法和观点就可以发言，可以多次发言。老师依旧不做评价，只是作为主持人维持秩序和把控课堂局面。

老师：刚才同学们思路清晰，表达比较准确，大家针对应该如何对这个基址进行景观设计发表了自己的观点，表现非常好。而且我看到在倾听他人观点的同时，有的同学微微摇头，有的同学轻轻点头，有的同学眼睛一亮，我相信在上一轮发言中，激发出了不少新的设计火花，有了不少新的设计想法。接下来，我们进入自由探讨阶段，大家再次畅所欲言，没有固定的发言顺序，有新的想法和观点就可以发言，每个人可以多次发言。希望同学们发言能够更加的踊跃。好的，开始！

学生 C：我赞成地面铺装要专项设计，要具有艺术性。因为是主教学楼的中庭，我认为可以与学校特色相结合。

学生 B：休息用的园林建筑小品也应具有较强的艺术性。

学生 A：为了满足在教学楼 2 层及以上楼层上课同学的赏景需求，各个园林要素的组合应该具备艺术性，有较高的审美价值。可以有一定的地形。

学生 D：这个空间的植物造景，要考虑植物的习性是否能在这个环境生活良好。如果是一些生长不良的植物，那就什么效果也没有。

学生 E：中间设置水景很好，就像岭南园林一样，夏季能够产生风，凉快。水景里放上自然鹅卵石，冬季里看着也不错。

学生 A：面积大的水景才能产生风。我认为水景的形状还是要和主楼建筑的风格适合。

学生 C：可以采用透水透气的地坪，生态环保。地坪要防滑。

学生 F：无论是怎样的园林建筑小品，高矮宽窄要坐着舒服。座凳 40cm 高，可以宽一点，50cm 宽或者 60cm 宽，还可以放书包。

学生 B：最好晚上有柔和的夜景灯，现在的声光技术可以采用。

学生 D：我认为可以设计一个电子屏，显示室外的温度、湿度、空气质量等。

学生 E：可以设计成桃金娘庭院那样的水景庭院，又静谧又舒适。

……

5 教学内容总结

教师对学生的发言进行总结，并补充完整。同学们可以做笔记。

老师：大家说得都很好，说明大家都在积极动脑筋；记录的同学记得也很清晰，辛苦了！下面我们根据同学们发言做一下总结。从同学们的发言中，可以总结出园林要素的造景方法主要有：①基址分析，把握基址特点：比如现场情况、建筑特色、气候特征、功能需求等；②立意为魂：如校园文化的宣传等；③生态方面的考虑：比如植物对生态环境的作用，透水透气地坪等；④以人为本，人性化的设计：如遮风避雨的建筑，桌椅的舒适度，夏季的凉风等；⑤美观，具有艺术性：如园林小品的艺术性，俯视整体景观的艺术性等；⑥与时俱进，现代技术的应用：如室外电子屏，现代声光技术等。

6 课程总结

老师：今天大家用头脑风暴法来探讨园林要素的造景方法。在逐个发言阶段，同学们都很大胆，积极发言，声音大，口齿清；在倾听他人发言时，能够认真倾听并思考。在自由探讨阶段，产生了很多新的思维火花，设计灵感。通过讨论，大家理解了园林要素的造景方法。我们今天的讨论很精彩，谢谢大家！

【应用分析】

1 应用条件

头脑风暴法需要学生有一定的专业知识基础。尽管头脑风暴鼓励天马行空，但是这种方法对刚入学的低年级是不太适合的，而对即将毕业的高年级学生效果也不太好。

2 场合和注意事项

在头脑风暴教学法中，为了更好地激发学生的参与性，使得整个教学活动有条不紊地进行，场合的选择很重要。同时，教师应注意以下几点。

① 在一开始讨论时就要创设轻松、自在、友好的环境可以让学生处于活跃状态，使学生无心理负担，学生可以互相启发、互相借鉴、互相吸收，这样思维才能展开。

② 要注意监控课堂讨论的质量，教师是整个活动的组织者、监管者，要引导全部学生积极地参与，引导每个学生投入到活动中去。

③ 教师不要夹杂自己的意见，特别是不要批评那些回答不妥的学生，鼓励创造性思维，寻求新观点、新途径、新方法。不要带着自己的成见去看待问题，教师不要在学生没有发完言时发表自己的评论。要鼓励学生思想的自由表达，而一旦他们开始害怕对他们想法的评价，就会停止产生创造性的想法。而且一开始看起来愚蠢的想法可能后来被证明很好或能引起其他很好的想法。

④ 教师对讨论进行宏观调控。第一，适当提示、引导讨论的方法和思路，但切忌包办。第二，调节讨论的气氛、环境。

3 目标

在传统的教学法中，教学最主要的交流形式是教师讲和学生听。教师提前准备好要讲的内容，在课堂上按照设计好的路线进行讲解，同时穿插一些提问，而所提的问题又主要是对一些事实信息的回忆，学习者只是像填空一样给出简短的回答，往往没有多大思考的余地，这很难在教师和学生之间形成持续的、深入的沟通和讨论，不能激发起学生思维的风暴，妨碍了学生潜能的正常发挥，并无法在此基础上进行知识建构和价值认同。头脑风暴教学法较好地解决了这个问题，有利于学生养成积极主动的学习和思考习惯。

作为创造性教育的补充，在园林专业创造性思维课程中把头脑风暴法视为一种教学方法运用于学科教学中，其对学科的性质并没有特别的要求，但必须注意头脑风暴法也有不完善的地方。首先，这种方法实际上只是提出设想的一个步骤，是创造性解决问题的一个阶段，而不是解决问题的完整过程。其次，头脑风暴设想的提出是以个人努力为基础的，是对个人提出设想的补充，但它不能取代个人努力。再次，传统的讨论法不可避免地从实质上或形式上进行判断而致使不能产生丰富的设想，但在教学中头脑风暴法由于其严格的使用原则和复杂性，不宜完全替代传统的讨论法。在需要创造性思维的范围内，可以通过召开头脑风暴会议作为有益补充，作为教学过程中激发学生创造性思维的辅助形式，在各类教学中推广、应用。

4 内容

教师在确定讨论问题时应具体、明确，不宜过大或过小，不要同时将两个或两个以上的问题混淆讨论。对于那些略复杂的问题，可以将问题分开，并针对每个问题专门召集一次会议。其次，头脑风暴仅能用来解决一些要求探寻设想的问题，不能用来解决那些事先需要做出判断的问题。

5 环境

头脑风暴讨论会的地点应选在安静不受干扰的场所，如教室或者会议室，最大限度地避免受到外界干扰。讨论时应该像游戏活动那样形成一种竞争的气氛，不允许私下交流。参加头脑风暴的人员都是平等的，"学术地位"相同，避免学术地位高的"领导"的威慑力的存在，尽量给学生创造"心理安全"和"心理自由"的心理条件。

6　组织

教师在头脑风暴中以主持人的身份出现，教师不但要熟悉问题，而且必须熟练掌握头脑风暴法的处理程序、方法和技巧。教师最好要求学生按座位次序轮流发言，让每个学生都有机会提出设想。如轮到的人当时无新设想，可以跳到下一个。集体头脑风暴的方法可以提出大量设想，当一个与会者提出一种设想的时候，他会自然地将其想象引向另一个设想，但是就在这一瞬间他提出的设想会激发其他成员的联想能力，这就是"连锁反应"。教师应鼓励大家提出一些从已经提出的设想中派生出来的设想，这种连锁反应很有价值。学生每次发言最好只提一条设想，否则就会因为失去许多很好的"辩解"机会而使提出设想的效率明显下降。当举手的人多，教师应让那些积极思维的人先发言。同时，教师可以在会议之前对解决问题的设想作一些准备，若学生一时提不出设想，教师便可以抛出自己的想法来启发大家，使学生在自由愉快的气氛中畅所欲言、敞开思路、相互激发、思维互补，使各种设想在相互碰撞中激起脑海的创造性"风暴"，从而确保大部分甚至是所有学生的思维在学习过程中始终处于积极、主动的状态，使课堂教学成为一系列学生主体活动的展开和创作的过程。

第十章　调查教学法

【摘要】调查教学法是教学中一种常用的方法，适用于职业教育所有专业领域。通常来说，实施之前的详细计划制订是调查法成功的重要保证。本章所介绍的调查法涵盖了通常所说的参观、考察活动或环节。园林专业需要师生感受园林植物及其景观，了解生产环节和市场行情，实测绿地布局，了解工程项目施工过程和技术，这些内容适合运用调查法来进行。

第一节　调查法介绍

【学习目标】了解调查法的内涵、特点，掌握调查法的应用范围、工作流程和教学实施步骤。

欧洲的教育传统有别于中国，调查法在欧洲已有100多年的发展历史，其中有一项教育的基本原则就是与真实情境相结合，学生要在真实情境之下进行学习。自调查法出现后，德国的职业教育就一直体现此原则。欧洲包括德国的教育家们认为，学生的学习须能独立地调查、发现并解决问题；在学习中，学生不能仅接受现成的知识，还要培养他们的独立能力。其独立性体现在个体生活或工作中的独立思考、行为或活动等方面，这种独立能力的培养必须通过个体的自我活动来实现。因此，在职业教育中就应通过学生的独立活动来培养其独立能力。比如在教育过程中，向学生布置一项任务或提供一个难题，让其独立完成或找到解决问题的办法。

1　调查法的内涵

1.1　调查法的概念　　调查法（survey method）是由教师和学生共同计划，由学生独立实施的一种"贴近现实"的活动，它包括信息的搜集、积累经验和训练能力。调查法不是由教师单独计划，而是由学生和教师一起来制订调查计划，在此基础上，再由学生独立去完成调查活动并独立作出评价。这种教学方法的关键之处在于学生独立搜集和整理不同来源的信息。

总的来说，调查法是指在实践现场中对事实情况、经验和行为方式进行有计划的研究。调查法有助于培养学生走近现实、在独立组织的学习过程中认识理解现实的能力。

1.2　调查与参观的区别　　在普通教育中，参观（或考察）的方法得到普遍使用，是教师带领学生到企业或其他地方参观的活动。如园林专业安排的园林绿地参观、种植施工现场参观。这种参观可以让学生感受园林绿地的形式、布局、各要素的组成，可以了解园林工程现场某项施工的程序。但是这种参观没有学生的直接参与、思考，甚至有半数学生没有去认真或专心听或看，多数学生只是走马观花随意看看。这类活动很难体现出教师教学的具体要求，因此也就失去了教学意义。

而调查法与上述的参观有很大差异：调查法与现实及实践相结合，事先要做非常充分的准备和精心计划，在此基础上再由学生实施和评价。

2　调查法的特征

2.1　现实性　　即学生要在真实的情境之下或场景中能够直接体验、经历与感受。而学校的课堂教学通常进行的是符号形式的信息比如以讲课、阅读材料、图片或录像等为载体，而这些途径只能在脑海中有个大致的认识，其认识没有以在现实中直接体验为基础，因此，难以取代现场的真实感受。根据对参加毕业实习和毕业生的问卷调查发现，他们一致认为在大学里学的是理论知识，与企业实际状况相比有着相当大的差异，企业里的许多实际情形在大学里没有学习过。因此，为了让学生毕业时能够具备基本的专业岗位能力和综合能力，在校学习过程中，让学生了解现实中真实情形非常重要。通过实际了解后，学生对于教师所教内容就会有更加明确的认识，也更清楚哪些内容是重要的，哪些内容不重要，学生的学习动机也就更强，因而更易于找到自己所要努力的方向。

2.2　互动性　　即参加调查活动的人具有很多互动的机会。调查过程中学生、教师以及所调查场所的人员之间需要进行很多的交流活动，相互之间产生影响并要作出反应。互动性具体体现在多个方面：制订调查计划时要进行交流对话、提问题；获取调查地点的信息过程；调查后的评价活动。

2.3　计划性　　调查活动要建立在深入细致的计划基础之上。调查不是随机提出，调查活动一定要事先进行系统的精心准备和计划，否则难以实现调查目标。另外，参加调查的人员必须掌握相应的工作方法或技能，这对于调查的成功与否起到关键作用。比如：如何访谈、怎样提问等技巧非常重要。

3　调查教学法的意义

3.1　发现学习　　学习者通过调查法能独立了解客观现实，并在已有知识和经验的基础上获取新知识，这样的学习行为实质上就是一项研究活动。因此，学习者对外界的这种深入了解有着重要意义。

3.2　独立自主的学习和主观导向　　参与者独立地对整个调查活动进行深入计划、实施和评价。这就体现了主观性原则，因为参与者在此学习过程中一直发挥着主导作用，并要负起责任。学习的成功与否取决于其个人，而不是别人。

3.3　社会学习　　在调查的各个环节上，学习者必须与他人进行合作。在教室进行准备和计划时，学习者之间要沟通和交流各自意见，各人还要确定自己的实施及评估任务。在调查过程中，实施者需与陌生人进行面谈并对其内容做出评判。最后，还需向小组展示调查结果。这种形式的社会学习是学习者个性与社会能力得到发展的重要前提。

3.4　方法学习和过程导向　　调查法的使用目的不是针对可调查的知识而习得。这种知识与调查本身密切相关，它属于经验型的知识，通常要通过认知活动才能掌握。重要的是，调查活动其实就是一个在方法指导下的学习过程，学习者应具有方法能力。

3.5　行动导向　　　调查法是以行动为导向的，其实施步骤有着行动的系统性，它体现了手脑并用的特点，不仅要求有精神和思想准备，而且还要付诸于有创造性的行动并要呈现调查结果。

3.6　跨学科的学习　　　调查法展现的不是某一学科的内在逻辑体系，而是现实状况与过程之间的关系。因此，通过调查来进行的学习打破了教学领域间的界限，它同时涉及技术、社会、经济等多个方面的学习内容。此方法具有跨学科的特点，因而体现了跨学科的学习理念。

4　调查法的应用范围举例

调查法适用范围较广，所有专业涉及的行业均可以进行，甚至可以对社会有争议的话题进行调查。一般可以进行以下几方面的调查。

4.1　企业调查

4.1.1　企业社会组织信息方面的调查　　　针对企业社会组织信息方面的调查目标是：了解企业领导结构、业务流程和利益代表方面的知识。调查的内容包括：领导结构；责任范围和命令下达权；雇员利益代表；雇主利益代表；工作条件（例如工资、工作时间、休假）。

4.1.2　企业技术信息方面的调查　　　针对企业技术信息方面的调查目标是：了解企业领导工作流程、技术流程和产品方面的知识。所要调查内容可以包括：业务流程，工作流程，生产程序，机器、设备、材料，产品等。

4.1.3　企业对专业人员资格要求方面的调查　　　针对企业对专业人员资格要求方面的调查目标是：了解企业对某个职业资格要求方面的具体知识。所要调查的内容涉及：必需的知识、能力和行动；工作范围，职业行动领域；使用机器、设备和原材料；独立性和合作；继续教育机会和专业化；奖励和升职机会。

4.1.4　公司中的环境保护方面的调查　　　针对公司中的环境保护方面的调查目标是：调查公司环境管理，构思改善建议。所要调查的内容包括：水供应和废水处理；废料管理；噪声防护；空气和地面负载；能源消耗。

4.2　其他调查主题　　　除了企业调查、学校调查之外，其他调查主题还很多，例如：旅游——机遇和危机（以你所在家乡为例研究旅游业所产生的影响）；园林植物对环境生态的影响；绿地植物种类调查；园林植物景观调查等。

5　调查的流程

以公司调查为例，调查流程如下：

①商定考察主题、目标和所需时间，并进行分组；

②小组工作形式设计考察计划和行动方案；

③访谈、观察、谈话、资料搜集；

④对材料进行加工整理和评价；

⑤设计报告材料，向全班汇报；

⑥向企业代表介绍考察成果。

6 调查法的基本要求

6.1 对调查者的基本要求

① 为人谦虚、诚恳，待人热情，关心理解、尊重他人，仪态端庄大方，不盛气凌人；善于与他人团结协作。

② 具有组织座谈、访谈的引导能力、记录能力和与人良好的交往、沟通能力。

6.2 对调查者的工作要求

① 能较好地了解调查的实质及工作任务；熟悉问卷、调查表、访谈内容。

② 工作态度认真，遵守调查的工作道德，尊重被调查者的人格、隐私权，不欺骗被考察者。

③ 完整、客观地运用资料，不断章取义，不独断专行。

7 调查法的影响因素

调查教学法常常会受以下 4 个方面的因素影响，从而会影响调查的结果或效果。

7.1 地点与环境因素 调查的地点与环境有时会直接影响被调查者的回答，如在问卷和访谈时，第三者在场或被调查者的领导在场可能会造成影响。

7.2 性别、年龄、受教育程度 性别、年龄、受教育程度一方面是指调查者的该因素会对被调查者产生影响，如同性之间容易沟通，年轻者不易采访年龄较大者；另一方面被调查者的年龄、受教育程度、工作岗位的不同对同一问题的认识也会不同。因此调查时部分内容需要考虑调查者、被调查者的不同对结论、数据产生的影响。

7.3 调查记录因素 调查者的记录方法需要因人、因题而异，根据不同的题目、内容与调查对象，采取不同的记录方法。无论是采用笔录、录音设备还是记忆追录，都避免带有诱导性。

7.4 人际地位因素 调查者与被调查者尽量在职业、文化素养、社会地位较为接近，才更容易沟通、交流，形成信任的氛围。

8 调查法的优缺点

8.1 优点

① 注重自主学习，不仅仅去理解确定的步骤或结果。

② 在独立组织的学习过程中来认识并理解现实。

③ 对现实进行调查，既是工作，也是学习。在此过程中学生不是通过整理已有材料，而是通过实物、个体表现和情境化的主题领域来学习。

④ 培养学生的行动能力，比如合作、沟通、语言表达等社会能力锻炼。

8.2 缺点

① 容易出现学生因为大量的印象和现象而偏离调查主题的局面。

② 调查并不能自动提供正确的认识。解释、评价和与现存经验的比较是必要的。

③ 对调查对象的准备不足。

④ 耗时较长。

⑤ 必须获得被调查单位的认可和合作。

9 调查法的设计和实施

9.1 调查法中的师生活动 教师所做的工作是要依据培养方案或课程的需要来设定调查主题，确定调查目标是否有助于实现教学目标，分析调查活动能否反映教学内容的要求，还要决定调查活动的时间及地点。事实上，教师应在开学时就做好调查活动的考量或安排，要根据教学内容的需要，考虑何时何地安排调查活动。当这些问题都明确下来之后，还需与受调查单位进行联系，能否获得调查场所如企业等单位的同意或许可，这就要求教师与调查地进行沟通以确认调查能否成行。

在调查法实施中，学生的活动要大大多于教师的活动，学生所做工作涉及内容多：在教师帮助下制订调查计划；建立与调查地点相关人员的联系；围绕调查主题收集必要信息；对所获取的信息进行整理、加工和评价；对调查成果进行展示或汇报。

9.2 调查法的实施步骤 调查活动通常包含 5 个步骤或阶段：准备、计划、执行或实施、评价及汇报、反馈。调查活动的重心体现在学生身上，而且除了准备阶段外，后面四个阶段方面的活动主要由学生自己独立完成。

9.2.1 准备阶段 第一阶段为准备阶段，涉及确定调查地点、调查对象以及调查地点的联系等工作。调查地点由不同类型所构成，调查地点应由教师来确定。本阶段学生需要完成以下工作：

① 独立描述调查目标或任务。

② 就调查主题与相关负责人员建立联系。

③ 确定调查日期和所需时间。

④ 向教师咨询必要的技术和组织方面的帮助。

9.2.2 计划阶段 教师要与学生一起来制订整个调查活动的计划。计划的开始，关键是要学生提出自己的想法，要调查什么内容，对什么方面感兴趣，并要确定调查重点。调查计划包括：

① 小组间区分调查任务；

② 商定调查流程及调查对象；

③ 小组人员调查任务分配；

④ 调查地点信息收集；

⑤ 材料准备（如问卷、调查表等）；

⑥ 记录文档保管。

所有上述计划环节的相关工作均由小组成员来完成。针对每个途径方面的工作任务，小组内部还要进行分工，谁在什么时候做，做什么工作，都要具体明确，但是在调查中涉及的一些工具、设备等通常在调查之前需由老师来准备。

所有上述各环节的实施过程中，各成员都需掌握相应的工作技能或技巧。例如，如果学生对访谈不太了解，或者不知如何访谈。在做计划阶段，教师会在小组成员制订访谈提纲时，教师介绍让学生了解和学习访谈时所掌握的技能或技巧。若需要进行问卷调查，教师也要对问卷的内容、发放问卷的注意事项等进行必要的介绍或引导。

在小组制订好计划的基础上，各组可以向全班展示小组的计划内容，通过这种形式，小组之间可进行交流或学习，各小组也能获得具体的改进建议或意见。这个时候，小组间争议或讨论非常激烈，这也利于各自计划的改进或完善。同时，教师也会提出自己的修改意见或建议，从总体上来进行把握，建议哪些地方不完善还需要修改，哪些地方要加强或调整等。

在计划阶段，组织工作也很重要。如果涉及环保或实验方面的调查，还要准备很多仪器或工具等设备，这些均需教师在调查前准备好。

另外，去企业调查时，还要考虑安全保护方面的事宜：如避免防止学生在调查时出事故受伤；有的企业对什么类型的鞋子也有要求，或要穿防护服等。这些都属于计划阶段组织方面的工作。

9.2.3　执行实施阶段　　　学生按拟订的计划开始执行。执行计划时主要工作为：

① 现场进行考察任务的协商和协调。

② 根据调查任务各小组独立进行工作。

③ 记录（如问答记录、图像采集、数据采集、问卷等）。

④ 调查结束后的讨论。

9.2.4　评估及汇报阶段　　　各小组对所收集的资料或信息进行分析、整理、评价。这个阶段需要花一些时间，以对材料加工、提炼，并分析调查活动是否达到预期目的。

在此基础上，要准备调查成果的展示或陈述，哪些材料需放在展示的内容里。展示的形式有很多种，常用的方法是采用 PPT 的形式。展示或陈述的内容通常要有结构的考量，主要包括调查目标、方法、结果及建议等几个部分。

展示结束后，各组可以在一起进行讨论。本阶段教师参与进来。

9.2.5　反馈阶段　　　老师会面向所有人针对整个调查活动过程做出总体评价和分析，主要内容包括：目标是否实现；时间计划是否有问题；哪些地方需要改进，哪些地方做得比较好；在以后的调查中还要注意哪些事项，如何能做得更好等。通常还可以为企业提出改进建议，并去企业回访或与企业联系，了解所提建议被接纳情况。

第二节　调查教学法应用

【学习目标】掌握调查法的教学组织程序，能够在专业教学中选择适宜的内容进行调查法的教学设计及应用。

教学案例一　园林企业人才需求调查

【教学内容】调查园林企业对人才的需求和工作岗位设置。

【学习目标】

知识目标：了解园林企业类型，了解企业主要工作岗位、经营模式，了解企业对人才需求情况。

能力目标：使学生接触工作环境及岗位；培养学生独立思考问题、解决问题的能力；培养学生语言表达能力、沟通能力、团结协作能力；掌握调查教学法的教学过程与方法。

情感目标：培养学生的专业兴趣及与人交流、协作的精神，培养学生主动学习意识。

【教学对象】园林专业本科二年级学生。

【教学环境】调查准备阶段在学校进行，学生利用教室、图书馆、网络等环境或资源制订调查方案，调查过程则为学校的实践教学基地、周边园林企业，成果展示及评估阶段在多媒体教室进行。

【教学过程】

1　准备阶段

教师准备：确定调查主题、调查时间，联系安排调查企业及交通工具、调查用具，制订安全预案，通知学生调查任务、目标及分组、制订调查计划，下达调查任务书。

学生准备：分组，搜集资料，准备调查的工具用品。

园林企业调查任务书

调查地点：×××公司。

参加对象：园林本科二年级学生。

调查组织形式：分组进行，8~10人一组，设组长一名。

时间安排：准备时间1周，调查1d，整理资料、撰写调查报告1周，评价汇报0.5d。

调查准备要求：搜集查阅所要调查园林企业经营管理情况，小组思考调查内容、方法设计，初步制订调查计划。准备调查用具、材料。

调查成果要求：调查成果应完整、深入，与预定计划一致，提交调查报告，小组以PPT的形式汇报交流。

调查过程要求：保障安全，遵守学校及调查单位纪律和规章；调查数据真实；与小组成员的分工协作，与企业、生产者良好的沟通交流。

2　计划阶段

2.1　初步制订调查计划　　各小组根据调查主题分别制订调查计划，包括调查时间、地点，调查方式及相应的资料（访谈、问卷、实地调查等），调查步骤、人员分工等。同时调查计划中要包括预计出现的困难及解决措施，并制定安全保障措施。

如：某一小组经过讨论确定了调查主题为园林企业对人才的要求，那么该小组针对此主题进行调查计划的制订。包括要调查的企业、调查的内容、调查的方法、调查流程、人员分工、材料准备等。

（1）调查项目　　①园林企业岗位类别；②园林企业对毕业生的基本能力要求；③园

林企业对毕业生的专业能力要求；④以前毕业生存在的问题；⑤企业对员工职业资格证书的要求。

（2）调查方式　　问卷调查结合访谈调查、资料查阅。

（3）调查程序　　①确定调查主题；②设计调查计划和行动方案，并进行成员分工；③确定调查方法，并设计调查问卷或访谈提纲等；④进行调查；⑤资料整理、分析、讨论、评价，获得结论，撰写调查报告；⑥汇报。

（4）任务分配　　详细制定每一个人员的调查地点、调查对象、调查任务及要求。

（5）调查资料准备　　如调查问卷、访谈提纲等。下面的问卷是针对该小组的调查主题设计的。

园林专业人才需求企业调查问卷

您好，我们是×××学校园林专业的学生，为了了解园林行业对园林专业人才能力的要求，更好指导我们以后的学习，需要您在百忙之中抽出时间填写此问卷。感谢您的支持与合作！

您所在单位名称为 _____。

您所在的企业目前获得的园林绿化企业资质是：
　　□一级企业　　　　□二级企业　　　　□三级企业
您所在的企业业务范围主要是：
　　□园林工程施工　　□景观设计　　　　□苗木生产
　　□切花、盆花生产　□其他
您在企业中的身份是：
　　□高层管理者（法人、经理、三总师）　□管理人员
　　□技术员　　　　　　　　　　　　　　□技术工人
您的学历是：
　　□本科或本科以上　□大专或中专　　　□高中或高中以下
您所在企业最看重应聘者的什么条件：
　　□专业成绩　　　　□工作经历　　　　□沟通能力
　　□工作能力　　　　□学校名气　　　　□各种证书
　　□形象气质　　　　□思想品德　　　　□其他 _____
贵单位对园林专业毕业生的学历层次的要求是：
　　□园林本科　　　　□园林硕士　　　　□大专或中专
　　□其他
贵单位中园林专业人才的学历层次以哪些学历为主？
　　□本科　　　　　　□硕士及以上　　　□大专或中专
　　□高中及以下
贵单位能为园林专业学生提供哪些类型的工作岗位：

☐园林工程施工与管理　　☐园林工程招投标　　☐苗木生产与销售

☐绿化养护与管理　　☐园林工程材料　　☐园林工程质量管理

☐园林景观设计　　☐设计绘图

还能为该专业学生提供哪些类型的工作岗位 _____

您认为园林专业的学生最应具备的基本能力为：

☐具有一定的自学能力和创新能力

☐具有良好的人际交往能力

☐具有较强的吃苦耐劳能力

☐具有较强的计算机操作与应用能力

☐具有较确切的语言文字表达能力

☐英语综合运用能力

该专业学生还应具备哪些基本能力 _____

您认为园林专业的学生最应具备的专业能力为：

☐较强的规划设计表现能力　　☐较强的识图和绘图能力

☐较强的计算机（CAD）绘图表现能力

☐较强的文本制作和资料管理能力

☐一定的绿化组织和施工管理能力

☐编制园林绿化项目概算、预算和决算的能力

☐一定的园林施工图的绘制能力

☐一定的园林景观模型制作能力

☐通过网络获取专业信息和知识的能力

该专业学生还应具备哪些专业能力 _____

您认为园林专业的学生应具备的知识结构为：

☐与职业能力相适应的文化基础知识

☐计算机应用及辅助设计（photoshop 3d max）的基本能力

☐园林工程项目的测绘能力

☐园林植物的病虫害防治的能力

☐园林植物栽培养护管理的能力

☐园林工程施工与管理能力

☐园林工程招投标与预决算能力

该专业学生还应具备哪些知识 _____

您认为该专业学生应具备的素质为：

☐诚实守信　　☐独立生活能力　　☐具有爱心、耐心

☐要有信心　　☐主动关心别人的意识　☐强烈的责任心

☐吃苦耐劳的精神　　☐乐观向上的生活态度

贵单位对园林专业毕业生哪些专业资格证书较为看重？

☐景观设计师　　☐建造师　　　　　☐花卉工

□绿化工　　　　　　□造价员　　　　　　　　□其他

您认为园林企业的职工还需要哪些职业资格证书 ＿＿＿＿＿＿

贵单位哪些岗位对园林专业毕业生需求较多？

□景观设计　　　　　□苗木繁育与销售　　　　□工程施工与管理

□园林工程预算　　　□园林工程监理　　　　　□档案管理

□绿地的养护与管理　□其他

您认为园林专业学生培养中学校应在哪方面加强针对性培养？

□动手能力和实用性技能　　　　　　　□专业知识与学习能力

□职业素养　　　　　　　　　　　　　□与人交往的能力

□其他

贵单位刚引进的园林专业毕业生在素质和技术上存在哪些问题？

□动手能力和实用性技能薄弱　　　　　□学习能力不强

□职业素养不高　　　　　　　　　　　□与人交往能力不强

□其他

衷心感谢您的参与与支持！

2.2　讨论完善调查计划　　　教师组织课堂讨论，各小组汇报调查方案，全班讨论，确定主题。各小组完善调查方案并提交给指导教师。由指导教师审核通过各调查方案并组织实施。

3　组织实施阶段

各小组根据计划展开调查。指导教师现场指导，确保学生调查工作顺利进行。并根据情况适度调整调查计划。

4　汇报评价阶段

4.1　资料整理、分析，撰写调查报告　　　调查完成后，各小组按规定时间完成资料整理、分析，撰写调查报告。

（1）小组组内交流　　　主要是小组各成员针对此次的调查内容、感受进行汇报交流。

（2）小组就调查的安排、方式方法进行交流　　　主要针对调查的技术、问卷的设计、时间的安排等方面进行交流。

（3）成果讨论和总结

① 整理收回的问卷、访谈的记录、其他途径获得的数据、资料。检查资料是否完整、齐全，如有缺失，则需要补充。另外查看资料是否与调查计划一致，并对资料来源的可靠性、材料的真伪进行鉴别，如有矛盾或可疑之处，则需重新调查。

② 资料汇总：把调查所有的资料进行分类、综合、统计、汇总，从而获得有用的数据和信息。如问卷调查的资料需要进行统计，可以用 excel 表进行统计，从而获得各项问

题选项的百分比。通过对大量分散的、碎片式的、零乱的原始资料的统计、整理，可以获得条理清楚、简洁可辨、结论清晰、易于分析的资料。

③ 分析与讨论：依据汇总的资料进行讨论，然后获得相应的结论。根据汇总的资料小组成员进行讨论，定性和定量的分析调查所获得的结论。如根据以上调查问卷小组可以获得的信息是：园林企业"工程施工与管理"岗位对园林专业毕业生需求最多，占到总数的 64.9%；其次是"景观设计"岗位，为 59.5%；再次为"绿地的养护与管理"岗位和"园林工程预算"岗位，分别为 28.4% 和 20.3%；此外，"苗木繁育与销售"岗位为 9.5%，"园林工程监理"岗位为 8.1%，"档案管理"岗位为 1.4%。在对"园林专业的毕业生最应具备的基本能力"的调查中，"一定的自学创新能力"被认为是最应具备的基本能力，选择率达到了 77.2%，其次是"较强的吃苦耐劳能力"，选择率达到 74.8%，再次是"良好的人际交往能力"，选择率达到了 55.4%。在与企业访谈时，几乎所有企业均认为吃苦耐劳、富有责任感是目前毕业生首先应具有的素质，也是大多数年轻员工缺乏的。

小组需要根据数据、资料分析，掌握数量特征的变化和规律，同时进行理论分析，更精确、更深刻、更具体地掌握事物的性质、特征及其变化规律。

④ 获得结论，撰写调查报告：根据以上分析、讨论，根据分工撰写调查报告。

⑤ 准备全部交流、汇报材料。

4.2 成果汇报与交流　　各小组进行成果汇报（以 PPT 的形式），主要将调查过程、通过调查得到的结论、通过调查的收获、调查组织过程存在问题等方面进行汇报。指导教师、其他小组成员针对调查汇报情况提问，答辩。

4.3 成绩评价　　成绩评价由学生自评、组内评价、组间互评、教师评价共同构成，评价内容包括知识能力、学习能力、操作技能、学习态度、团结协作等方面，评价表的设计及权重与学生讨论制定。

5　反馈及总结

学生成绩评定后，设计调查反馈表，了解本次调查在时间安排、过程组织、计划实施等存在哪些不足及需要完善之处，有助于教学组织的改进，同时通过总结提高学生通过调查获取信息的能力和掌握调查教学法的应用。

【效果评价】主要是通过问卷、访谈等形式针对本次的调查教学法的运用教学效果、对学生能力培养情况进行评价。

教学案例二　某地区花卉产品调查

【教学内容】调查某地区（区域）花卉产品种类、生产状况、价格、产品标准及执行情况、销售量。

【教学目标】

知识目标：初步认识常见花卉种类；对部分花卉的观赏特性、产品应用特点、花卉标准有一定的了解；调动学生学习的积极性。

能力目标：使学生接触工作环境及岗位，感受学习的目的；培养学生独立思考问题、解决问题的能力；培养学生语言表达能力、沟通能力、团结协作能力；掌握调查教学法的教学过程与方法。

情感目标：培养学生的专业兴趣及与人交流、协作的精神。

【教学对象】园林专业本科二、三年级学生。

【教学环境】调查准备阶段在学校进行，学生利用教室、图书馆、网络等环境或资源制订调查方案，调查过程则利用学校周边花卉生产企业、花卉市场完成，成果展示及评估阶段在多媒体教室进行。

【教学过程】

1 准备阶段

教师准备：确定调查主题、调查时间，联系安排调查企业、市场及交通工具、调查用具，制订安全预案，通知学生调查任务、目标及分组、制订调查计划，下达调查任务书。

学生准备：分组，搜集资料，准备调查的工具用品。

花卉产品市场调查任务书

调查地点：×××花卉市场或×××花卉公司或×××苗木基地等。

参加对象：园林本科二年级学生。

调查组织形式：分组进行，8～10人一组，设组长一名。

时间安排：在园林花卉学课程开课学期，选择生长季进行。准备时间1周，调查1d，整理资料、撰写调查报告1周，评价汇报0.5d。

调查准备要求：搜集查阅学校周边花卉生产、经营情况，小组思考调查内容、方法设计，初步制订调查计划。准备调查用具、材料。

调查成果要求：调查成果应完整、深入，与预定计划一致，提交调查报告，小组以PPT的形式汇报交流。

调查过程要求：保障安全，遵守学校及调查单位纪律和规章；调查数据真实；与小组成员的分工协作，与企业、生产者良好的沟通交流。

---

2 计划阶段

2.1 初步制订调查计划 各小组根据调查主题分别制订调查计划，包括调查时间、地点，调查方式及相应的资料（访谈、问卷、实地调查等），调查步骤、人员分工等。同时调查计划中要包括预计出现的困难及解决措施，并制订安全保障措施。

如某小组根据本次调查的主题设计调查表（表10-1）。

表 10-1　花卉市场调查记录表

调查地点	花卉产品名称	规格	商品状态	价格

2.2　讨论完善调查计划　　教师组织课堂讨论，各小组汇报调查方案，全班讨论，确定主题（花卉销售市场、苗木、盆花生产等）。各小组完善调查方案并提交给指导教师。由指导教师审核通过各调查方案并组织实施。

3　组织实施阶段

各小组根据计划展开调查。指导教师现场指导，确保学生调查工作顺利进行。并根据情况适度调整调查计划。表 10-2 是某小组进行花卉市场调查的记录表。

表 10-2　花卉市场调查记录表

调查地点	花卉产品名称	规格	商品状态	价格
石家庄西三教花卉市场	唐菖蒲切花（红色）	一级	初花	2.5 元 / 枝
石家庄西三教花卉市场	月季切花（白色）	一级	初花	2.0 元 / 枝
家惠超市（工农路）	长寿花（黄色重瓣）	冠幅 20cm	盛花	6.0 元 / 盆
……				

4　汇报评价阶段

4.1　资料整理、分析，撰写调查报告　　调查完成后，各小组按规定时间完成资料整理、分析，撰写调查报告。

4.2　成果汇报与交流　　各小组进行成果汇报（以 PPT 的形式），主要将调查过程、通过调查得到的结论、调查的单位在花卉生产经营中存的问题、通过调查的收获、调查组织过程存在问题等方面进行汇报。指导教师、其他小组成员针对调查汇报情况提问，答辩。

4.3　成绩评价　　成绩评价由学生自评、组内评价、组间互评、教师评价共同构成，评价内容包括知识能力、学习能力、操作技能、学习态度、团结协作等方面，评价表的设计及权重与学生讨论制定。

5　反馈及总结

学生成绩评定后，设计调查反馈表，了解本次调查在时间安排、过程组织、计划实施等存在哪些不足及需要完善之处，有助于教学组织的改进，同时通过总结提高学生通过调查获取信息的能力和掌握调查教学法的应用。

【效果评价】主要是通过问卷、访谈等形式针对本次的调查教学法的运用教学效果、对学生能力培养情况进行评价。

第十一章　任务驱动教学法

【摘要】任务驱动教学法是以任务为引领，使学生在任务和问题的驱动下完成整个教学活动，学生主动参与。教学内容与园林岗位紧密结合。园林专业的主要专业课程尤其是与岗位相关的实训内容均适合运用任务驱动教学法。

第一节　任务驱动教学法介绍

【学习目标】了解任务驱动教学法的概念、内涵和特点，掌握任务驱动教学法的功能和实施步骤。

1　任务驱动教学法的概念与内涵

任务驱动教学法是一种建立在建构主义教学理论基础上的教学法。具体来说，就是让学生在典型明确的任务和问题的驱动下开展教学活动，引导学生在逐步完成任务的过程中，既独立思考，又相互交流，分析问题、解决问题，巩固旧知识，学习新知识，完成教学任务，实现学习目标。在此过程中，学生不但可以掌握必需的专业知识、专业技能及相关的职业能力，同时也能培养实际岗位的适应能力，从而提高整体的职业素质。

任务驱动教学法强调学生在有意义的任务情境中，通过完成任务，使隐含在任务中的知识、技能得到整合。

任务驱动教学法中，学生学习活动以"学习任务"的形式与职业工作或问题相结合，以解决问题完成任务来引导和维持学习者的学习兴趣和动机并构成学习进程。在这个过程中，学生拥有学习的主动权，通过教师的引导和激励，在模拟真实的教学环境中，完成教学任务，并通过任务举一反三，真正掌握所学内容。在任务驱动教学中，任务起着核心作用。

2　任务驱动教学法的特点

任务驱动教学法的基本特征是"以任务为主线、以教师为主导、以学生为主体"和"自主探究、协作学习"。

2.1　任务为主线　　任务是知识与技能的载体，它把学生需要学习的知识与技能进行有效地组织，形成具有趣味性的任务，任务的设计必须以教学内容及学习目标为指导。在任务驱动教学法中，学生与教师围绕任务这个主题开展一系列的教与学的互动活动，教师首先创设任务情境，引出任务主题，再通过任务分解，把学习内容融入到一个个小任务中，然会引导并帮助学生去解决这些问题，最后随着任务的完成，进行任务小结、方法归纳，使学生在完成任务的过程中掌握知识与技能。

根据教学要求的不同，任务一般分为封闭型任务和开放型任务两种，对于新知识、新技能的学习一般采用封闭型任务，封闭型任务有着明确的主题界定和任务要求，如教师给出任务完成后的最终效果，要求学生根据样例进行实践探究，最终完成与样例一样的或相似的作品。若学习目标是要求学生运用已学过的知识和技能去完成一个综合性的任务，则可采取开放性的任务。

2.2 教师为主导　　任务驱动教学要求教师从一个知识的传递者变为学生学习的辅导者、合作者。教师的主导作用表现在：

（1）任务的设计者　　教师通过学情分析，确定合适的学习目标，设计出融知识性、趣味性、真实性于一体的学习任务。

（2）任务情境的创设者　　为能让学生更积极有效地完成任务，需要教师创设一个真实的、切合学生实际的任务情境，并让这个情境随着任务的实施延续下去。

（3）任务的热心辅导员　　教师在学生完成任务过程中对遇到的困难要给予引导、帮助。

（4）任务评价的主持人　　教师要对学生完成任务的结果及实施经历进行评价和反思，实现以评促学。

（5）良好学风的塑造者　　课堂教学是动态的，要保证正常的教学秩序，需要教师不断地进行调控，运用多种教育手段促进学生开展与学习有关的探究与交流。

2.3 学生为主体　　职业教育的出发点、依据和归宿就是保证学生的主体地位。在任务驱动教学法中，学生的主体地位表现在：①学生是任务的具体实施者，课程的大部分时间是学生在对任务进行自主探究、协作学习；②有趣、有用、真实的任务有利于学习动力的激发、强化，任务情境与学生的生活、专业、职业岗位息息相关，这在一定程度上保证了学生的主体地位；③循序渐进的任务体现了以人为本的理念；④任务的分组实施和协作讨论，锻炼了学生的沟通能力和合作意识，在任务的分析、讨论、实施、评价中，需要表达自己的见解，聆听他人的意见，评判实施的结果，反思任务的经验，这种认知的重建促进了学生自主思考，丰富了知识和技能，促进了同学间良好的人际关系，提高协作能力。

3　任务驱动教学法的功能

任务驱动教学法有利于调动学生的学习积极性。先由教师提出具体任务，由学生自己去分析问题并思索解决问题的方法和步骤，强调学生在教学活动中的中心地位。学生是完成任务的主体，是任务完成的实施者。学生在分析问题、解决问题、完成任务的过程中，"先做后学，边学边做，以做促学"，学习积极性大幅度提高。

任务驱动教学法有利于学生岗位能力的培养。任务驱动教学法在引领学生完成任务的过程中，也促进学生相互交流、团结协作，积极思考完成任务的最佳方案，不但使学生巩固已有知识，学习新知识，还培养了学生的沟通协作能力、团队意识、学习能力及创新精神，对学生综合职业能力的培养有着积极的作用。

任务驱动教学法符合高级知识学习的各种原则和方法。美国教育心理学家乔纳生认为，人们的学习有初级知识的学习、高级知识的学习和专家知识的学习3种不同的阶段，学生学习主要是两种——初级和高级知识的学习。初级学习是学习的低级阶段，教师只要求学生知道一些重要的概念和事实，解决过程和答案都是确定的，可以直接运用相关规律甚至直接套用推理规则。而高级学习要求学生把握概念的复杂性，广泛而灵活地运用到具体情境中，概念的复杂性及实例间的差异性均表现出来，许多实际问题常常没有规则和确定性，不能简单套用原来的方法和规律。任务驱动法在学生完成任务和解决问题中，教师针对所要学习的内容设计教学任务，将学习内容赋予生活和工作的真实意义，让学生去思考并尝试解决。在教师的支持和引导下，学生充分调动自己的智慧，综合运用原有的知识和经验，结合新的信息，进行合理的分析和判断，解决问题并完成任务。通过做和学统一的过程，使知识和技能获得提高，更利于形成知识能力的迁移。

4　任务驱动教学法教学设计和实施

4.1　任务驱动法的一般实施流程　　根据建构主义理论，任务驱动教学法是教师将教学内容隐含于一个或若干个典型任务中，以完成任务为教学活动中心；学生在完成任务的动机驱动下，通过对任务的讨论分析，明确任务所涉及的知识及需解决的问题，在教师的引导下，通过对学习资源的主动应用，在自主探究和互动协作的学习过程中，找出完成任务的方法，最终通过任务的完成实现意义的建构。其主要流程图如图11-1所示。

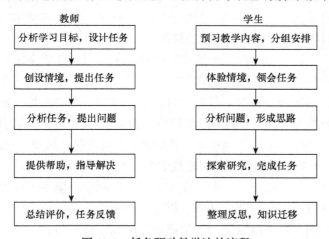

图 11-1　任务驱动教学法的流程

4.2　任务驱动教学法的实施步骤

4.2.1　任务导入　　任务导入指教师以适当的方式将工作任务引入课堂，引起学生注意。这一阶段，教师可以用多种形式来呈现与学习主题相关的学习情境，如语言表述、多媒体呈现、模拟情景、问题提出等。

4.2.2　任务展示　　任务展示是教师将任务内容、任务目标展示给学生的过程，分为任务提出和任务分析两个环节。首先在创设的情景下，提出与学习主题相关的任务，使学生明确本节课要完成的任务。然后教师引导学生对任务进行初步分析，找出完成任务需要解决的问题，即形成任务实施的思路。但是此阶段不可能提出所有的思路。

4.2.3　任务实施　　任务实施是教师采用适当的方式方法引导学生，完成学习任务，实现学习目标的过程。在有了初步的思路后，学生开始根据各子任务的要求进行实践探索。本阶段有两种常见的做法：一是先讲后学，二是先学后讲。先讲后学是教师先进行示范演示，把任务的基本思维方法教给学生，为下面的学习做好铺垫，学生通过模仿操作来探究新知识和新技能，这种方式教学效率较高，能使学生在较短时间内完成任务，但在一定程度上限制了学生的创新思维和想象力的发挥。先学后讲是先让学生根据任务要求通过自学完成自己能做的任务，对解决不了的问题通过小组讨论解决，教师从中指导，然后教师再对学生未能解决的问题进行精讲，并通过归纳总结使知识系统化，再通过学生的练习进行巩固，达到熟练掌握和迁移的目的。

任务实施是整个教学过程中最活跃最重要的一环，在这一过程中，教师要对学生的工作进行必要的检查与帮助。

4.2.4　任务评价　　任务评价包括两个方面的内容，一是学生通过自评、互评及师生共同评价；二是总结性评价，教师对任务完成情况进行总结，进一步巩固、丰富教学效果。

4.3　任务设计　　任务驱动教学法中任务设计是关键。任务设计的原则有4个方面。

（1）真实性　　在任务设计中，任务来源于真实的工作过程，任务活动的情景应尽量贴近真实的工作过程或生活。创设的情境要接近于真实的环境，使教学任务所包含的教学内容具有真实的工作意义，使学生在课堂上能够获得真实的技能，在实际生活或工作中同样能得到有效地应用。要避免为任务而设计任务。如园林苗木的起苗，居住区的绿化设计等任务均是园林行业工作岗位的具体工作任务。

（2）连贯性　　设计的任务不是独立于课程之中，同时任务实施过程中也要达到教学上和逻辑上的连贯与流畅。在任务教学中，一节课的若干任务或一个任务的若干子任务应是相互关联、具有统一的教学目的和目标的，内容上也要互相衔接。每一堂课或每一教学单元的任务系列构成一系列的教学阶梯，使学习者能一步步达到预期的教学目的。如插花艺术中进行酒店插花作品的装饰，需要学生完成花材的选择与处理、花材的固定、容器的选择、插花的造型设计等一系列的教学内容或任务。

（3）可操作性　　在任务设计中，应考虑到它在课堂环境中的可操作性，应尽量避免环节过多，程序过于复杂的课堂任务。教师要尽可能为学生的个体活动创造条件，利用有限的时间和空间，最大限度地为学生提供互动和交流的机会，从而达到预期的教学目的。

（4）趣味性　　任务驱动型教学法的优点之一就是通过有趣的课堂交际活动有效地激发学生的学习动机，使他们主动学习。因此任务设计时要考虑任务的趣味性。机械的、反复重复的任务类型会使学生失去参与任务的兴趣。任务的趣味性除了来自任务本身外，还可以多个方面体现，如多人的参与、多向的交流互动、任务执行中的人际交往、情感交流等。

任务来源之一是真实的工作过程，但需要经过加工才能使用，一定要围绕学习目标，符合教学需要。任务的来源之二是教师根据教学内容和学习目标进行设计，以工作过程为导向组织教学内容，设计教学方案，把理论知识学习和实践技能培养有机地统一到工作任务实施中，以便于实施理论实践一体化教学。

教师对任务的表述要准确、清晰，便于学生理解。任务的成果要明确，能有效引导学生学习,并为教师的评价提供依据。任务内容要紧密结合生产实践,以岗位能力需要为教学内容取舍的主要依据,同时要兼顾学生的学习兴趣、接受能力及教师学习目标的完成情况;要包含教学的知识点;任务量大小要合适,一个教学单元的任务量应尽量保证在一次课中完成;任务难度要适中,尽量保证所有学生完成,并为学生留出创造性的发挥空间,以有效保护学生学习积极性。

4.4 任务驱动教学法实施注意事项

（1）及时更新教学理念 任务驱动教学法应用于教学活动,教师是教学活动的主导,而不再是教学活动的主角,因而教师教学观念更新至关重要。教师要不断学习,顺利实现角色转换,时时提醒自己,充分尊重学生的教学主体地位,尽可能提供更多的时间与空间,让学生自己去思考、去探索,在任务完成的过程中,巩固旧知识、学习新知识,形成技能,提高综合素质。

（2）合理划分实习小组 任务驱动教学法以组为单位开展工作,组内成员之间的互相学习、团结协作是任务驱动教学法得以贯彻实施的重要保障。分配实习小组时,除按传统做法（如按学号、抽签、自由结组、按座位号临时决定、教师指定等）分配外,还应根据实际情况进行适当调整,努力做到组内成员之间知识水平、学习习惯、学习能力、工作能力等诸方面的合理搭配,每组3~5位学生中要有1名学习能力强、认真负责又有一定组织管理能力的同学负责组内任务活动的正常开展,尤其避免将相对较弱的学生集中分配在一个学习小组的情况,以确保组内成员间能互相取长补短,共同进步,保证教学活动的正常开展。

（3）切实加强课堂管理 任务驱动教学法开展教学活动,学生以组为单位开展学习,学生相对较为自由。教师要注意观察,严格巡视指导,加强对学生学习活动的管理,对不同的问题采取不同的方法。比如,对学生的不规范操作,教师可以直接予以纠正;对于学生感到困惑的问题,教师要耐心辅导,帮助或引导其解决;对于学生学习态度、创新思维等方面的积极表现,要及时进行鼓励与表扬;对于怕苦、怕累、迟迟不肯动手的学生要多交流,多引导,以帮助其尽早进入工作状态;对于做得较快的学生,可适当增加教学难度,以提高教学效果。

第二节 任务驱动教学法应用

【学习目标】掌握任务驱动教学法的教学组织过程,能够结合专业教学内容进行任务驱动教学法的教学设计并组织实施。

教学案例一 园林绿地雨水排放工程设计

【教学内容】排水区域划分、雨水口布置;雨水管网布置及管材选用、各管段设计流量计算、各管段管径、坡度及干管各节点管底标高与埋深设计;雨水管网平面布置图、雨水干管水力计算及布置详图、雨水干管纵剖面图绘制。

【教学目标】

知识目标:掌握园林绿地地面排水系统工程设计的基本要领及工作方法;掌握园林

绿地管道排水系统工程设计的基本要领及工作方法。

能力目标：能够完成园林绿地地面排水系统的设计工作；能够对园林绿地进行排水区域划分、雨水管网布置、设计流量计算、管径与管材选定等排水系统工程设计工作；提高学生理论联系实际的工作能力，培养学生严肃认真、耐心细致的工作作风。

情感目标：提高学生团结协作意识。

【教学对象】园林专业本科三年级学生。

【教学环境】准备阶段学生利用教室、图书馆、网络等环境或资源查阅资料，任务实施、成果展示及评估阶段在多媒体教室进行。

【教学过程】

1　任务设计及准备

教师提供某园林绿地设计方案及竖向设计方案（图 11-2），以该绿地雨水排放工程设计为具体工作任务，教师编写任务书（含教学内容及相关要求、学习目标、实施步骤、成果要求、考评方式）作为指导学生学习的依据。

课前安排学生分组，各组收集、整理与分析所在地区和设计区域的各种原始资料，包括设计区域总平面布置图、竖向设计图及当地的水文、地质、暴雨资料。

2　任务导入

教师将任务书及相关学习资料或资料目录发放给学生，以 PPT 的形式向学生介绍方案设计的主要内容、各造园要素高程方面的要求，并向学生介绍园林绿地雨水排放工程设计的意义。

3　任务展示与分析

教师介绍本任务具体的工作内容及要求；然后引导学生了解雨水排放系统工程设计的工作流程；引导学生了解完成任务各个步骤所涉及的知识点，如排水区域划分、雨水口布置、雨水管网布置等，为任务开展提供必要的支持与保障。

4　任务执行

学生以组为单位，完成该园林绿地雨水排放工程设计。

（1）汇水区域划分及面积计算　　根据排水区域地形、地物等情况对排水区域进行划分。对于植物种植区，以地形山脊线、与绿地相邻的道路广场及建筑物外轮廓线为汇水区域边界线。给各汇水区域编号并计算各区域汇水面积。

（2）雨水口布置　　雨水口一般布置在汇水区域的山谷线或最低处，沿雨水排除方向和汇水方向每隔 25～60m 要设一个雨水口。

（3）雨水管网平面布置及管材选用　　根据雨水口位置、附近城市雨水管网布置、设计区域地形地物情况，综合确定雨水干管、支管、检查井管网的平面位置，对各节点进行编号，确定管段长度，对检查井进行编号，确定其地面标高。

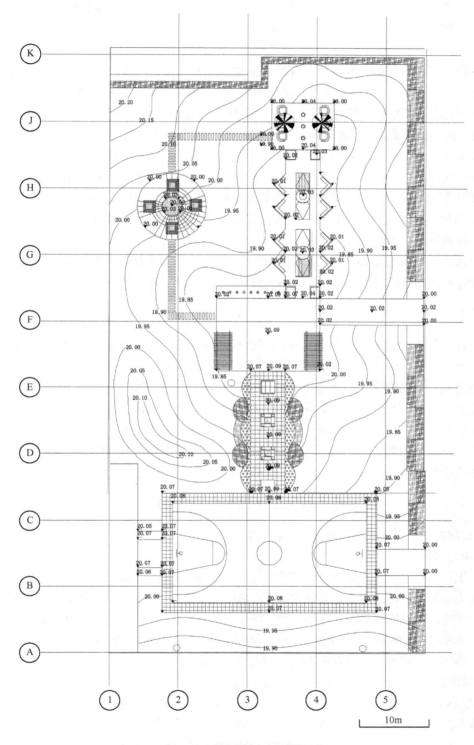

图 11-2　某园林绿地竖向设计

（4）各管段设计流量计算　根据各汇水区域的汇水面积、排水区域的单位面积径流量，计算各汇水区域的设计流量，计算公式为

$$Q = q_0 \cdot F \qquad\qquad (11.1)$$

根据各汇水区域的设计流量、雨水口及检查井的位置，列表计算各管段设计流量。

（5）各管段管径、坡度及干管各节点管底标高与埋深设计　根据各管段的设计流量及雨水管道设计的相关要求及地形情况，查表确定各管段管径、坡度、流速等，然后根据初步确定的管道起始点的埋深，依次计算出各管段起点与终点的管底标高与管底埋深值。

（6）绘制各图　绘制雨水管网平面布置图、雨水干管水力计算及布置详图、雨水干管纵剖面图。

教师在该教学过程中，要充分发挥其主导作用，给予必要的引导、督促与支持，以更好帮助学生在完成任务的过程中，深入理解与掌握园林绿地雨水排放工程设计的相关知识，提高技术应用能力。

教师在任务实施之前，可以以提问的方式检查各小组掌握基本资料情况、雨水排放工程设计知识掌握情况，对完成下面的工作任务起到引导、提示作用。

5　任务评价

本任务评价方式为学生评价与教师评价相结合。首先组内自评，以组为单位，对各项设计成果进行自我评价，并根据大家意见进行修改完善；然后全班互评。

各组选定一名同学，对小组工作成果进行汇报并回答教师、学生提出的问题，以班为单位进行讨论评价；最后，教师总结评价。教师针对各组任务完成过程表现、任务完成情况、汇报情况进行总结性评价。对学生在任务执行过程中学习态度、组织纪律、团队合作、创新思维等方面的积极表现进行肯定与鼓励，同时对共性问题、重点、难点进行概括或解答，以进一步巩固、丰富、提高教学效果。

教学案例二　插花创作与装饰

【教学内容】对学校办公楼会议室进行插花装饰。

【学习目标】

知识目标：进一步熟悉插花造型的原理；掌握插花陈设的原则。

能力目标：熟练运用插花造型的原理；熟练运用花材修剪整理、弯曲造型、花材固定的基本技能；能够根据现场选择适宜的插花造型并完成创作，并能进行主题表达；培养学生独立思考问题、解决问题的能力；培养学生语言表达能力、沟通能力、团结协作能力。

情感目标：培养学生的专业兴趣及与人交流、协作的精神。

【教学对象】园林专业本科三、四年级学生。

【教学环境】准备阶段学生利用教室、图书馆、网络等环境或资源查阅资料，任务实施需要进行插花创作的教室或实验室，需要进行插花装饰的会议室（或其他公共空间）让学生进行布置，成果展示及评估阶段在多媒体教室进行。另外需要准备插花需要应用的花器、各种花材若干及必要的工具。

【教学过程】

1 准备阶段

教师准备：根据课程内容和进度、学习目标设计任务，联系会议室，拍会议室照片或视频；安排插花创作的实验室或教室，教室中需要有电脑和投影；准备花材、花器并安排购置。给学生按 4～5 人分组。

学生准备：已经学习过插花造型原理，已具备一定的插花基本技能。

2 任务导入

教师可以以提问的方式导入任务。如提问"大家是否知道一般会议室的布局及结构有哪些特点？""会议室的功能有哪些？""有谁去过学院或学校的会议室？其陈设、布局、色彩、空间是什么样的？"

以上问题分别由学生来回答，引起学生的兴趣。

然后教师以 PPT 的形式展示学校的会议室的家具、陈设特点，空间布局特点（图 11-3）。

图 11-3 学校会议室

3 任务展示

教师提出任务：

"今天我们要针对学校会议室环境进行插花装饰。该会议室明天要召开新生家长座谈会。"

"需要大家认真分析场景，针对会议室的家具、色彩、空间大小及明天会议主题，在适宜摆放的位置设计插花造型，选择合适的花材并进行创作。"

"我们完成作品后到会议室进行布置，每组将布置后的效果拍照，大家评出效果最好的作品用于会议室的实际装饰。"

4 任务实施

（1）教师引导

提问："插花创作进行立意构思时主要考虑哪些方面？"——首先要考虑插花的用

途；第二要考虑摆放的位置；第三就是表达的内容或主题。

　　"请大家考虑根据该会议室的陈设，插花作品可以摆放的位置，根据会议的色彩、明天的主题利用插花该怎样表达意境、烘托氛围。作为学校领导、老师、老生，应对新生和新生家长表达怎样的情感或意境？"

　　提问："插花造型时比例尺度如何确定？"该问题主要引导学生要考虑到会议室的特性，会议桌为四周或对面坐人，中间摆放插花时要考虑作品的大小、高度不能影响参会人员的沟通、交流；同时插花造型应选择四面观赏且对称为宜。

　　为正确引导学生，可以放映部分插花作品（图 11-4、图 11-5）。

图 11-4　中间会议桌插花示例　　　　　图 11-5　边台插花示例

　　（2）插花设计及创作　　教师对学生分组，每组根据老师的引导，利用以前造型的知识和技能，充分讨论会议室的具体环境和会议主题，确定插花构图、造型、色彩，并选择相应的花材、花器，共同完成插花创作。

　　在各组进行插花创作的过程中，教师随时关注任务完成情况，并对遇到的疑问、困难给予必要的解答、帮助。但是任务由学生独立完成。

5　任务评价

　　在全部学生完成插花创作后，每组分别展示自己的作品，并对作品的立意构思、造型特点、意境表达进行说明。其他组的同学可以针对作品提问、评价，同时教师针对作品的优缺点进行必要的点评。

　　作品全部展示完后，教师根据全班插花创作情况进行总结、评价，并针对真实环境的插花创作进行迁移，使学生能够针对不同特点的场地、不同的用途进行插花创作，如商场、办公室、酒店大堂等，使学生能够学以致用。

　　然后各组自评，小组间互评，教师对全部作品评价，给出成绩。

　　课上任务完成后，课下各组将自己的作品拿到会议室按设计的位置摆放，拍照。教师和学生共同讨论、评价，选出最适宜的作品作为会议室真正的装饰用，激发学生插花创作的热情。

　　同时，可以由学生任选不同的办公室、学校宾馆等实际环境进行插花创作，通过反复练习，提高创作水平。

第十二章　园林专业教学技能实训

实训 1　园林专业教学设计

【任务介绍】

教学设计是教师从教学实际需要出发，考虑学生的特点与需要，基于自身教学经验，以现代教学理论、系统科学的原理与方法，为组织和指导教学活动而精心设计的施教蓝图。具体包括：教学目标、教学内容、教学策略、教学媒体及教学评价几方面的内容。科学合理的教学设计是教学效果顺利实现的重要保证。

【任务目标】

（1）了解教学设计的基本程序。

（2）掌握教学设计的基本内容和工作方法。

（3）提高对教学活动的理解与认识，培养学生的师范生素质，提高其从师能力。

【教学设计】

本任务主要采用任务驱动教学法。通过对园林专业某部分教学任务的教学设计，加深、丰富学生对教学设计相关知识的理解与认识，提高学生教学设计的工作能力。

【任务知识】

1　教学设计的基本程序

教学设计包括如下几个基本程序：①确定学习目标，尽可能用可观察可测量的行为变化来作为教学结果的指标；②确定学生的起点状态，包括知识水平、技能水平、学习动机、学习状态等；③分析学生实现学习目标所应掌握的知识技能或应形成的态度与行为习惯；④考虑用什么方式方法给学生呈现教材和教学内容，提供学习指导与帮助；⑤考虑引起学生反应或反馈的方法；⑥考虑如何对教学效果进行科学合理的测量与评价。

2　教学目标设计

教学目标设计是对教学活动所要达到的预期效果的规划，是教学设计的重要环节，其设计步骤包括：研究课程标准，分析课程内容；分析学生已有的学习状态；确定教学目标分类（知识目标、情感目标与技能目标）；列出教学目标。同时，一个规范、明确的学习目标应包含行为主体、行为动词、情境或条件、表现水平或标准 4 个基本要素。例如某教学目标为：使学生理解水准测量的基本原理，掌握水准测量的工作方法，能够用水准仪、水准尺等测量仪器完成某闭合导线的高程测量工作。

3　教学内容设计

教学内容设计是认真分析教材、合理选择和组织教学内容以及合理安排教学内容的表达或呈现过程，是教学设计的关键环节，也是教学设计的主体部分，对教学目标的顺利实现起着至关重要的作用。教学内容设计时，一是内容选取要与目标密切相关、接近学生的"最近发展区"并富有启发性；二是内容组织要将学生学习活动内在的认知规律与知识系统的内在逻辑相结合，考虑学生的认知规律，组织教学内容。

4　教学时间设计

教学时间是影响教学活动的重要因素，在设计教学时间时，一要把握好时间的整体分配，根据课程标准及教学的实际需要，对整体教学时间（一般以一个学期为限）做出合理规划，二要科学划分单元课时，即在进行单元课时设计时，应根据学生的已有知识准备状况，确定各单元的知识点及重点、难点，并以此为依据，合理划分每个单元所需要的教学时间，同时，又要通过各种途径与方法，保证学生的实际学习时间、防止教学时间遗失及充分考虑学生的专注学习时间。

5　教学措施设计

教学措施设计包括 3 个方面的内容：教学方法选择与设计、教学媒体选择与设计、课堂教学结构设计。

教学方法选择与设计。首先要尽可能地广泛了解与教学内容相关的教学方法，了解各种教学方法的特点及适用条件，然后根据具体的学习目标、教学内容、教学进度、时间安排及教学条件，充分考虑学生的学习特点，结合自身教学经验，合理选择教学方法。

教学媒体选择与设计。教学媒体包括语言、文字、粉笔、黑板、幻灯、录音、录像、电影、电视、电脑和互联网等各种传统和现代意义上的教学媒体。在选择与设计教学媒体时要考虑以下几点：一是有利于达到教学目标、符合教学任务的实际需要及教学内容的性质与特点；二是适合学生的特点，有利于激发其学习兴趣、开发学习潜能；三是要与教师的特点、教学条件相适应，有利于充分发挥媒体的技术特点和功能。

课堂教学结构确定。在明确教学目标、内容、方法和媒体的基础上，将各教学环节（明确教学目标、阅读感知教材、教师讲授、学生讨论、练习、系统小结等）进行合理组合，安排其先后顺序，组成合理的教学结构，重点突出，兼顾全面，保证教学目标的顺利实现。

教学评价设计。根据教学目标，采用合理的措施与手段，对教学活动及其预期效果进行评价，比如卷面考试、现场操作、自评、学生互评等。

【实施过程】

本任务实施过程包括：任务展示、任务分析、任务执行、任务评价几个基本环节。

1　任务展示

教师设计并向学生发放教学设计任务书，使学生了解该实训的教学目标、任务要求及注意事项，帮助学生形成对本次任务的了解与认识。

2　任务分析

组织、引导学生对本次任务进行分析，了解进行教学设计的实施条件、实施过程及相关知识点，查阅、搜集并整理相关资料，了解任务实施的工作过程及方法步骤。

3　任务执行

本任务以 4~5 人为一组，分工协作，对教学设计的各项内容进行设计。可以由学生任意选定某门课程的某部分教学内容进行教学设计。

（1）明确教学目标　　根据课程大纲及具体的教学任务，明确相应的教学目标，包括知识目标、能力目标、情感目标。

（2）教学内容设计　　根据教学目标及教学对象的特点，查阅相关教材、书籍、文献资料及网络资源，制定具体教学内容，并明确教学重点与难点。

（3）教学时间、教学策略、课堂教学结构设计　　根据教学目标、具体教学内容及特点、教学对象特点、教学条件及教学实施人员自身优势，合理划分每部分内容的教学时间，选定教学策略，设计课堂教学结构。

（4）教学评价设计　　对教学效果的评价方式方法进行设计，比如卷面考试评价、实验报告评价、课堂作业评价等，或多种评价方式的结合。

4　任务评价与完善

组织大家以组为单位，对自己的教学设计方案进行汇报与展示，全体同学对各组的设计方案进行讨论、评价，最后教师点评，肯定优点、指出不足，最后各组根据讨论意见及教师点评进一步对设计方案进行修改完善，完成实训任务。

【成果资料】

以组为单位提交教学方案设计 1 份，每位学生提交实训总结 1 份。

【考核方式及评价标准】

采用过程考核与结果评价相结合的方式进行评价。

过程评价是对学生任务实训过程中行为、态度的评价，包括：出勤情况；是否能积极承担工作任务，主动与同学沟通合作，及时发现问题、解决问题；是否有创新思维，能够用独到的思路与方法解决任务实施过程中遇到的问题。

结果评价是对教学方案设计质量的评价。要求教学目标明确，重点突出，教学重点、难点确定恰当；教学内容设计合理；教学时间划分、策略设计、媒体选用、课堂教学结构设计能很好地与教学目标、教学内容相适应；教学评价方式方法能对教学效果起到检测评价的作用，能有效引导教师的教学活动，督促学生的学习活动。实训总结要求 1000 字以上，能全面反映实训整个工作过程，总结任务实施过程中出现的问题、解决过程及个人思考，做到言之有物。

教学设计方案举例：《平面立体及其表面上的点、线的投影》

1　教学目标设计

知识目标：了解平面立体及其表面上的点、线在三面投影体系中的投影特性与规律；掌握平面立体及其表面上的点、线在三面投影体系中投影的绘制方法，并能根据给出的立体三面或两面投影判断立体的空间形状，能根据给出的立体表面上的点、线的已知投影，判断其在立体表面的位置。

能力目标：培养学生由平面到空间、由空间到平面的空间想象能力，提高学生空间立体及其表面上的点、线的三面投影的阅读与绘制能力。

2　教学内容设计

本单元主要学习四棱柱、三棱锥等平面立体在三面投影体系中的图示方法及投影规律，学习平面立体表面上的点、线在三面投影体系中投影的绘制及阅读方法。

3　学习者分析

在绪论中，学生已经知道点、直线、平面在三面投影体系中的投影特性及规律，是学习基本几何体及其表面上的点、线的投影特性的基础，并对点、线、面在三面投影体系中的投影特性及应用有了一定的理解与认识，在前面的学习过程中空间想象能力有了一定的提高，为学习本节课内容奠定了基础。

4　教学流程设计与教学策略选择

根据学习任务、学习者分析及教学目标，采取以下教学流程：情景导入前面相关知识→复习→本节新知识自主学习→练习与讨论→归纳小结→布置课下预习。通过语言讲授与学生自学、练习，以讨论法、谈话法组织整个教学过程。

5　教学资源

本堂课采用三种教学资源：PowerPoint 教学课件、黑板、教学模型。以 PowerPoint 教学课件为主，进行相关知识点的讲解、课堂练习任务的展示，辅以平面立体实物教学模型，帮助学生建立空间立体与平面投影之间、空间立体表面上的点、线与投影面上的点、线之间的对应关系；通过黑板现场演示平面立体及其表面上的点、线的投影的绘制过程，帮助学生更好地了解与掌握平面立体及其表面上的点、线的投影绘制的各个工作步骤。

6　教学程序设计

表 12-1 为本次课的教学程序设计。

表 12-1　教学程序设计

步骤	教师行为	学生行为
情景导入	借助 PPT 课件，教师向学生展示常见园林建筑的图片资料，并对园林建筑的形体构成进行分析	1. 了解园林建筑各组成部分的主要形状 2. 了解平面立体及其表面上的点、线的投影绘制在园林建筑施工图绘制中的作用，进入学习情景
复习已有知识	借助 PPT 课件，有重点地讲解、带领学生复习巩固各种位置的点、直线与平面的投影特性	复习、巩固各种位置的点、直线、平面在三面投影体系中的投影特性及规律，为本节内容的学习做好准备

步骤	教师行为	学生行为
本节新知识自主学习	1. 在大屏幕上展示本堂课的教学目标、具体的学习内容及自学思考题 2. 引导学生自主学习，并给予必要的指导与帮助，帮助学生掌握本节课基本知识要点	在教学目标的指引下，根据自学思考题，利用教材或其他学习资料，积极思考教师提出的问题，掌握相关知识要点
练习与讨论	1. 教师将课堂作业展示给学生，对其中难点问题进行必要提示，安排学生进行练习 2. 根据不同学生的需要，给学生以必要的辅导与帮助，引导、帮助学生完成练习 3. 对有代表性的共性问题，借助大屏幕或实物模型，组织大家讨论，进行重点讲解；或借助黑板等工具，对有难度的练习，直接演示做题过程	1. 完成教师布置的练习，同时进一步加深对本节学习内容的理解与认识 2. 参加讨论，积极与老师、同学交流，巩固所学知识，开拓解题思路
归纳小结	1. 在学生交流的基础上，根据前面的学习思考题，归纳总结本节知识要点，帮助学生理清知识体系 2. 布置课下作业，引导学生进一步学习巩固本节授课内容 3. 布置下次授课内容的预习思考题	1. 认真做好笔记 2. 在教师归纳本节教学内容的基础上，对自身学习效果进行深入思考，查漏补缺，更好理解与掌握本次授课内容

7　设计反馈与评价

将教学方案组织实施，对教学程序、教学内容、时间分配、教学媒体选用、教学策略设计等的实施效果以测验或课堂提问的方式进行检查与评价，对不足之处进一步加以修改与完善。

实训 2　园林专业多媒体教学课件设计

【任务介绍】

多媒体技术是指把文字、声音、图像、动画等多种媒体信息通过计算机进行交互式综合处理的技术。采用多媒体技术辅助教学，能使学生的多种感官得到刺激，最大限度地汲取信息和知识，从而提高教学效果。本任务主要是将园林专业教学内容与多媒体技术相结合，完成某特定教学内容的 PowerPoint 教学课件的制作，从而加深学生对多媒体技术在园林专业教学活动中的理解与认识，培养与提高学生的教学工作能力。

【任务目标】

（1）了解多媒体课件制作的基本程序。

（2）掌握多媒体课件制作的工作过程与方法步骤，能够完成某园林专业教学内容的 PowerPoint 教学课件制作工作。

（3）丰富学生对多媒体技术在教学中应用的理解与认识，提高学生教学工作能力。

【教学设计】

本实训采用任务驱动教学法。教师指定或教师与学生共同选定某课程 2 个学时的教学内容，以该内容 PowerPoint 教学课件的制作为本实训教学任务，引导学生在完成该课件制作的过程中，丰富提高多媒体课件制作知识，培养其教学课件制作能力。

【任务知识】

1　多媒体课件开发的工作程序

多媒体课件的开发模式因开发人员对软件的理解程度、文化背景及兴趣爱好的不同而有所区别。但一般而言，多媒体课件的开发包括以下几个基本工作步骤：环境分析、教学设计、脚本设计、软件编写、评价与修改。

2　多媒体课件开发常用软件

目前常用的多媒体开发软件有 PowerPoint、Founder Authou Tool、FrontPage、Dreamweaver、AuthorWare 及 Flash 等，其中 PowerPoint 是一种基于页面的工具也称卡片式创作软件，其对于各种多媒体信息的管理，采用类似于书本以"页"或"卡片"为单位组织全书信息的方式，页是书的基本单位，也是显示于屏幕上的一个窗口，可以包括文本、按钮、视频等对象，该软件简单、易学、实用，在教学工作中得到了广泛应用。

3　环境分析

多媒体课件的环境分析包括课件目标分析、课件使用对象分析和开发成本估算几方面的内容。

课件目标不仅包括学科领域及教学内容，还应包括对教学的具体要求，如学习新概念、巩固已学知识、训练解决某种问题的能力、对某些内容应掌握的程度及检查方法等。

课件使用对象分析，即分析学习者在开始新的学习或练习时，所具有的知识、能力水平及对新知识学习的适合性。通常包括学习者一般特点、学习者对学习内容的态度及已经具备的学习基础知识与技能、学习者使用计算机的技能。

成本估算包括开发组成员的劳务费用、各种参考资料费、打印等各类耗材及软件维护费用等。

4　教学设计

教学设计是根据确定的教学目标、教学大纲把教学内容按单纯的教学目的划分成若干个相对独立的小块，每个小块就是一个教学单元，对每个教学单元，需要具体确定要传授的教学内容、详细确定呈现教学内容的信息形式、向学生提出的问题以及对学生回答问题的各种可能答案做出预计并准备相应的反馈信息。

5　脚本设计

脚本是将课件的教学内容、教学策略进一步细化，具体到课件的每一幅的教学内容、画面设计、素材种类、呈现形式、超链接设计、动画设计等，是课件编制的直接依据，如表 12-2 所示。

表 12-2　脚本设计示例

编号	媒体素材	页面布局	设计说明
幻灯片 1	文字	2-1 投影的基本知识—— 投影的形成及分类 　1. 投影的形成及具备条件； 　2. 投影的分类	PowerPoint 设计模板：network；背景颜色：空白 题目：宋体，32 号，加粗，黑色 内容：宋体，24 号，黑色，其中"条件、分类"字体加粗 动画： 换片方式：鼠标单击 　1. 题目：鼠标单击 　2. 内容：百叶窗 超链接：无

6　素材采集与编辑

　　多媒体素材指多媒体课件中用到的各种听觉、视觉材料，包括文本、声音、图像、动画、视频等。由于计算机不能直接识别照片、录音带、录像等资料中的信息，需要把相关素材资料转换、加工成多媒体编辑工具可以引用的素材格式，即为多媒体素材的采集与编辑。其中声音素材常用文件类型为 WAV、MIDI、MP3、CDA 几种格式；图像文件有 BMP、GIF、JPG 几种格式，动画素材格式为 Flash；视频素材格式为 AVI、MPG、DAT、RM 和 ASF 等。对于声音素材，可以通过录制和编辑获得；对于图像，可以通过捕捉屏幕上的图像、扫描仪扫描获得图像后，再通过画图或 Photoshop 软件编辑获得；视频素材可以通过录像机、摄像机及多媒体计算机的视频采集系统采集后，再通过 Premiere 软件编辑得到。

　　【实施条件】

　　计算机室、一定数量的计算机、常用软件。

　　【实施过程】

　　本任务实施包括任务展示与准备、任务分析、任务执行、任务评价几个工作环节。

1　任务展示与准备

　　教师指定或教师与学生共同选定某园林专业课程某部分教学内容，以教学大纲为依据，选取其中一个教学单元（2 学时）的内容，根据教学大纲、单元教学目标要求，以职业中学学生为教学对象或其他对象，完成 PowerPoint 课件的制作，教师提供实训任务书及学习参考资料或参考资料目录。

　　任务以小组形式完成。本任务以 4～6 人为实习小组，选定组长，共同分工协作，完成实训任务。

2　任务分析

　　在教师引导下，学生阅读实训任务书，了解实训的工作内容与目标要求，搜集、整理、查阅相关学习资料，全面了解 PowerPoint 课件制作的工作程序、工作内容与方法步骤，为任务实施做好知识准备。

3　任务执行

　　以组为单位，开展 PowerPoint 课件制作工作，具体包括：

（1）环境分析　　以课程大纲总体教学目标为依据，进一步细化、明确课件制作所涉及的教学单元的教学目标，包括知识目标、能力目标与情感目标；通过各种途径与方式方法，了解职校生与学习部分教学内容相关的学习基础、学习能力、学习态度及习惯，同时对课件制作的成本进行初步估算。

（2）教学设计　　根据所选教学单元的教学目标，选取适当的教学内容，对教学结构进行设计，对各部分教学内容的信息呈现形式、教学方法与策略、时间分配及反馈形式等做出详细的设计。

（3）脚本设计　　对所选教学单元 PowerPoint 课件各个页面的模板选用、画面内容与布局、媒体素材、各部分画面内容的设计要求进行详细设计，如字体格式、动画设计、超链接等。

（4）多媒体搜集与编辑　　根据 PowerPoint 课件设计的需要，搜集并编辑文字、图片、动画、声音等多媒体素材。

（5）完成 PPT　　根据教学设计、脚本设计要求，将相关媒体素材利用 PowerPoint 软件进行编辑，完成该教学单元 PowerPoint 的制作任务。

4　任务评价

对初步完成的 PowerPoint 课件进行演示，采用学生互评与教师点评相结合的方式对课件的质量进行评价，肯定优点，指出不足，引导学生进一步修改完善，最终完成实训任务。

【成果资料】

以组为单位提交一个教学单元的 PPT 课件一份，以个人为单位提交实训报告一份。

【考核方式及评价标准】

采用过程考核与结果考核相结合的方式对实训效果进行评价。

过程考核指对学生实训过程中个人表现的评价，包括出勤情况、纪律表现、工作态度、团队意识、创新表现等方面的评价。

结果评价主要是对小组 PPT 课件质量及学生个人实训报告质量的评价。要求 PPT 课件设计能很好地与教学内容、学习对象特点、教学目标相适应，有利于培养学生学习兴趣、启发学生思维、降低学习难度、提高学习效果。实训报告能较全面体现实训的工作过程，反映实训过程中出现的问题及解决过程，内容充实，言之有物。

实训 3　案例教学法在园林专业教学中的应用

【任务介绍】

案例教学法指在教学过程中，教师根据教学内容和教学目标，选取或设计典型教学案例，通过典型案例将学生带入特定的教学情境，进行学习和讨论，促进学生从知识向技能的转变。本任务是将案例教学法与园林专业教学活动相结合，培养学生应用案例教学法从事园林专业教学实践的工作能力。

【任务目标】

（1）了解案例教学法的内涵及特点。

（2）掌握案例教学法的实施步骤。

（3）培养学生利用案例教学法开展专业教学活动的工作能力。

【教学设计】

本任务采用模拟教学法开展教学活动。首先对学生进行分组，以组为单位开展教学活动，组织学生对园林专业的某部分教学内容进行案例教学法教学方案设计。包括：案例设计、案例呈现、案例讨论、案例总结、案例课后作业布置；然后选定1～2名学生，模拟教师角色，其他同学扮演学生，进行案例教学法模拟教学实施；最后教师进行教学效果评价。引导学生在完成案例教学方案设计及实施任务实训的过程中，深入了解案例教学的内涵与特点，掌握案例教学的工作方法，提高学生应用案例教学法开展园林专业教学活动的工作能力与从师素质。

【任务知识】

1　案例教学法的特点

案例教学以社会生活中发生的真实案例为基础，其核心是把学生引入仿真的情境，激发学生的兴趣，引导其开动脑筋，积极思考，寻找解决问题的办法，在解决问题的过程中，加深对理论知识的理解，提高其应用理论知识解决实际问题的工作能力，培养学生的综合素质。该教学法有以下几个方面的特点。

（1）目的明确　案例教学服务于特定的教学目的和服务目标，紧紧围绕目标开展教学活动。

（2）实践性强　案例教学的案例本身来源于生产实践，案例教学实施过程中，将知识和实践有机结合，学生通过思考、模拟、讨论等实践活动，培养运用所学知识解决实际问题的工作能力。

（3）学生为主体　在案例教学活动中，学生是课堂的主体，教师是组织者和引导者。

（4）效果多元化　在案例教学过程中，学生根据相关资料，做出自己的决定或判断，并与其他同学或老师交流，对于培养学生的归纳能力、语言表达能力、沟通协调能力及创新能力都有积极的作用。

2　案例教学法的教学工作步骤

案例教学法的工作步骤包括：典型案例选取或设计、案例呈现、问题设置、分组讨论、案例总结、作业布置。

（1）典型案例选取或设计　应尽可能以真实或近乎真实的场景给学生提供真实的工作感受，同时案例要密切结合课程与教学目标要求。

（2）案例呈现　要尽可能接近学生已有知识或经验，便于激发学生的学习兴趣；帮助学生了解案例产生的背景及案例的主要特点，对案例的难点进行引导性提示，并根据教学目标及案例形式的不同，选用适当的时间、以适当的方式，如发放文字资料、播放多媒体课件、播放影像资料、教师或学生生动形象的语言描述等，将案例呈现给学生。

（3）问题设置　要紧紧围绕教学目的提出问题，一要符合案例教学的主题，大体限制思考和讨论的范围，增强案例的目的性和针对性；二要符合学生的认知水平，能引起学生的讨论兴趣；三要明确具体，便于引导学生的思考和交流。

（4）分组讨论　要以5人左右为一个学习小组，以组为单位，紧紧围绕问题开展讨论，每组可以仅就一个问题开展讨论，也可就所有问题进行讨论。在讨论过程中，教师要充分尊重学生的主体地位，鼓励、引导学生在阅读相关资料的基础上，独立思考，解决问题。同时又要积极促进学生之间、师生之间的互动交流，既训练学生的语言能力，又培养学生的思维能力。

（5）案例总结　要讲明案例中的关键点，肯定学生的积极表现，也指出讨论中的不足之处，并对问题的解决提出意见或建议。

（6）作业布置　要根据案例教学内容及教学目标合理选择或设计课后作业，要尽可能地涵盖案例教学的主要知识点及能力要求，且要难度适中、数量适中，便于学生进一步巩固理论知识，提升实践技能。

【实施条件】

图书资料、网络资源、多媒体教室。

【实施过程】

1　实习分组

根据组间同质、组内异质的原则，每组4～6人进行分组，以保证各组实训活动的正常开展，选定组长1名，负责本组实训工作。

2　典型案例设计

由小组同学讨论，选取园林专业某课程的部分教学内容，明确其具体教学内容与目标要求，经教师认可，设计典型案例。

3　案例呈现方式方法设计

根据具体的教学内容及目标要求，结合受教者（以职中、高职或大学本科学生等为对象）的特点，选择适当的案例呈现时间、方式与方法，帮助受教者了解案例产生的背景、案例自身的特点。

4　问题设计

根据具体的教学内容，进行问题设计，以引导与帮助受教者更好地了解案例相关的知识要点及技能要求，为学生开展案例讨论提供指导与帮助。

5　作业设计

根据教学内容与目标要求，对课后作业进行选定或设计。

6 案例教学模拟实施

根据案例教学方案，以组为单位开展教学活动。

7 总结与评价

学生以组为单位，每组选定一个同学，代表全组同学，对案例教学的工作过程及各环节设计结果进行汇报，并解答教师及其他同学提出的问题；教师对各组汇报情况进行总结、概括与评价，对重点、难点问题进行归纳与统一讲解，以帮助全体学生，掌握案例教学的相关知识点与基本工作方法。

【成果资料】

以组为单位提交园林专业某课程部分教学内容的案例教学法教学设计1份，以个人为单位提交实训报告1份。

【考核方式及评价标准】

采用小组评价与个人评价相结合、过程评价与结果评价相结合的方式，对学生的实训效果进行评价。

小组评价包括案例设计是否能很好地与教学内容、目标要求相对应，问题设计是否能有效引导学生的学习、思考与讨论；案例呈现时间与方式是否可以激发学生学习兴趣，汇报是否能清楚明了地阐明案例教学设计与实施的工作过程与内容等。

个人评价则主要对学生实训过程中的工作态度、出勤及遵守纪律情况、创新表现及实训报告撰写质量进行评价。

实训4 任务驱动教学法在园林专业教学中的应用

【任务介绍】

任务驱动教学法，指在教学过程中，把课本知识转化成多个具体的任务，通过完成任务来讲解和学习基础知识和技能，从而培养学生提出问题、分析问题、解决问题的综合能力。本任务主要是将任务驱动教学法与园林专业教学活动相结合，培养学生应用任务驱动教学法从事园林专业教学实践的工作能力。

【任务目标】

（1）了解任务驱动教学法的基本知识。

（2）掌握任务驱动法开展教学活动的工作过程与方法步骤。

（3）培养学生应用任务驱动教学法开展专业教学活动的工作能力。

【教学设计】

本任务采用模拟教学法开展教学活动，以园林专业某部分教学内容为素材，引导、组织学生以组为单位进行任务驱动教学法教学方案设计与实施，最后教师组织全班同学进行工作汇报与评价。从而在完成任务驱动教学法在园林专业教学中应用教学的同时，提高学生的教学工作能力与从师素质。

【任务知识】

1　任务驱动教学法的特点

（1）教学目标与任务目标一致　　任务驱动教学法是以完成任务为目标的学习。让学生在完成任务的同时，学习或复习相关知识点，提高学生的职业能力。

（2）教学目标明晰具体　　任务驱动教学法所规定的任务都有具体的目标，该目标不但是衡量教学质量、考核教学效果的基本依据，而且是划分教学单元、制订教学计划、实施教学任务的依据。

（3）教学内容设计实用　　教学内容设计以实用为取舍标准，密切结合岗位需要设计教学内容。

（4）教学方式理实一体化　　在教学过程中，学生是"先做后学、边做边学、以干促学"，适合于职业技术类课程教学活动。

2　任务驱动教学法的教学工作步骤

任务驱动教学法的教学工作步骤包括：任务导入、任务展示、任务实施、任务评价。任务导入指教师以适当的方式将工作任务引入课堂，引起学生注意；任务展示是教师将任务内容、任务目标展示给学生的过程；任务实施是教师采用适当的方式方法引导学生，完成学习任务，实现教学目标的过程，在这一过程中，教师要对学生的工作进行必要的检查与帮助。任务评价包括两个方面的内容，一是总结性评价，教师对任务完成情况进行总结，二是学生通过自评、互评及师生共同评价，进一步巩固、丰富教学效果。

【实施条件】
图书资料、网络资源、多媒体教室。

【实施过程】

1　实习分组

根据组间同质，组内异质的原则，以5～6人为1组，合理划分小组，选定组长1名，负责本组实训活动的正常开展。

2　教学方案设计

教师指定或学生自选园林专业某部分内容，进行任务驱动教学法教学活动设计。包括任务设计、任务导入、任务展示、任务实施方法步骤、任务评价等几个环节的设计。

3　任务模拟实施

以组为单位，选定1～2人模拟教师角色，其他人员模拟中职、高职或大学本科学生，模拟进行任务驱动教学法教学活动。

4 任务评价

首先，学生对任务完成情况进行自我评价与组内相互评价，对任务执行过程中出现的问题及任务完成情况进行总结评价，相互交流；然后教师组织全班同学，进行总评价。每组派代表进行实训工作汇报，并回答其他同学、教师提出的问题，教师对各组汇报情况进行总结评价，实训中出现的难点问题进行解答，对实训过程中出现的共性问题进行总结概括，以进一步巩固、提升实训教学效果。

【成果资料】

以组为单位提交任务驱动教学法教学设计案例 1 份，以个人为单位提交实训总结 1 份。

【考核方式及评价标准】

采用小组评价与个人评价相结合、过程评价与结果评价相结合的方式，对学生的实训效果进行评价。

小组评价包括任务驱动教学方案设计及教学实施两部分内容，要求教学方案中，教学内容选取合理，教学目标明确并具有较强的可操作性、可检查性，时间安排合理，教学方式方法选择恰当；教学实施能充分发挥任务驱动教学法的优势，起到理论学习与技能培养并重的效果。

个人评价包括实训过程中表现评价与实训总结评价两部分内容。实训过程中表现评价包括组织纪律、工作态度、团队意识、创新表现等方面的评价；实训总结要求言之有物，能很好地总结概括实训过程中出现的问题及解决问题的过程，并有自己的思考与见解。

实训 5 四阶段教学法在园林专业教学中的应用

【任务介绍】

四阶段教学法，以示范—模仿为核心，由准备、示范、模仿、归纳 4 个阶段组成。以学生为主体，以教师为主导，教与学、讲与练相结合，听、看、做、思、练五环相扣，可较好地调动学生的学习主动性与积极性，激发学生学习的兴趣和强烈的求知欲，提高教学质量。本任务主要是将四阶段教学法与园林专业教学活动相结合，通过学生模拟教师的角色进行四阶段教学法的教学组织与实施，培养学生应用四阶段教学法从事园林专业教学实践的工作能力。

【任务目标】

（1）了解四阶段教学法的内涵及概念。

（2）熟悉四阶段教学法开展教学活动的过程与步骤。

（3）掌握四阶段教学法在园林专业相关课程中的教学组织过程和特点。

【教学设计】

本任务采用模拟教学法开展教学活动。实训之前布置任务，要求各小组进行四阶段教学法的案例设计，应用的案例必须是园林专业的内容，然后分组进行四阶段教学法的训练。各小组训练时可以指派代表充当教师的角色，也可以小组每一个成员均作为教师按四阶段教学法组织一次教学活动，组内其他成员作为学生配合"教师"完成四阶段教学法的整个教学过程。教师对每组的教学实训工作进行评价，指出各组进行四阶段教学法实施时的优点与不足，并再次对四阶段教学法的特点、教学组织的步骤归纳总结，加深学生的印象，提高学生的教学工作能力与从师素质。

【任务知识】

1　四阶段教学法的特点

四阶段教学法的恰当运用，能够有效地提高学生对学习的兴趣，确保学生对专业知识和技能的掌握，实现理论与实践的紧密结合。是传统劳动技能和技巧程序化的基本教学方法。

2　四阶段教学法的工作步骤

传统四阶段教学法是经典的程序化技能培训的方法，它把教学过程分为准备、教师示范、学生模仿和练习总结 4 个阶段，每个阶段有不同的教学活动。

准备：指的是为课程的教学所做的一切准备。课前准备包括教师对课程内容的准备，例如明确学生应掌握哪些知识技能，培养什么能力、完成时间、质量要求；对教学对象情况的掌握及相关实习设备的准备；所学工作行为方式的重要性等。

教师示范：教师示范可一次性把全部示范完成，再由学生模仿；也可以分步骤进行；或教师先完整地操作一遍后，再进行分步骤的操作示范。这一阶段的关键是要求教师对操作要熟练和准确，教师操作的熟练、准确程度不仅是为了保证学生稍后模仿的正确性，也能树立教师形象、建立威信。

学生模仿：这一阶段主要由学生进行学习活动，即按照教师的示范，自己动手模仿操作。在这个阶段要注意在时间上、空间上不要与前一阶段（即教师示范阶段）有分层和隔断，最好能马上进行。

练习总结：教师根据需要将整个教学内容进行归纳总结，重复重点和难点，也可以通过提问了解学生对知识技能的掌握程度。在此基础上布置练习任务，让学生独立完成，教师在旁边监督、观察整个练习过程，检查练习的结果，纠正出现的错误。

【实施条件】

图书资料、网络资源、多媒体教室。根据园林专业特点和学生设计的四阶段教学法的案例需求需要的工具、场地、材料等，如嫁接繁殖需要的砧木、枝条、修枝剪，播种用的种子、播种盆、穴盘、基质等。

【实施过程】

1　准备与计划

教师已经讲授过四阶段教学法的基础知识，在训练之前可以进行复习。

对学生分组，考虑到模拟教学的组织需要"师"与"生"的配合，建议小组 8~10 人。

2　任务导入

教师帮助学生分析园林专业的特点、进行四阶段教学法的主要步骤和注意事项。布置任务，即让学生进行四阶段教学法的案例设计，每组提交一份园林专业相关内容的四阶段教学法的案例。

3　任务展示

教师提出本次实训的任务及要求。每组分开进行四阶段教学法的教学活动。

4　任务实施

根据各小组设计的教学案例准备教学实施需要的场地、材料、工具等，然后在教师的指导、组织下，按照教学设计各小组进行四阶段教学法的模拟教学。教师要在现场观察、指导，必要时提供帮助。

本项实训要求模拟教师的学生熟练掌握相对应教学内容的操作技能。教师需要根据学生教学设计的具体内容在实训前进行必要的指导，同时注意操作安全。下面以一个小组选择的"园林苗圃"课程中嫁接繁殖为例，介绍四阶段教学法的实训过程。

为叙述方便，小组成员代号分别为甲、乙、丙、丁……

教师：根据你们的教学设计方案，下面由你们进行四阶段教学法的教学实施，内容是嫁接繁殖。有谁先进行授课工作？

学生乙：我先来。

学生乙（模拟授课的老师）：同学们好，今天我们进行园林植物的嫁接繁殖训练。我们在课堂上已经给大家介绍了嫁接繁殖的特点、理论基础、嫁接繁殖的种类和嫁接的技术，嫁接繁殖有哪些优点？嫁接有哪些种类？

学生丁：嫁接繁殖后代不发生变异，根系健壮，生长势强。嫁接按接穗类型分为枝接、芽接。

学生壬：其他方法不易繁殖的种类可以嫁接繁殖。

学生乙：好。这两位同学回答的基本正确。嫁接繁殖能保持栽培（接穗）品种的优良性状；能够利用砧木的有利特性，达到早结果、增强抗寒性、抗旱性、抗病虫害的能力，还能经济利用繁殖材料、增加苗木数量，并克服某些植物用其他方法不易繁殖的困难，即对一些不产生种子的树木的繁殖和一些扦插不易成活的植物种类意义重大。

嫁接的种类有很多分法，如按嫁接部位分根接、根颈接、二重接、腹接、高接；按接穗、砧木种类分为硬枝接、绿枝接、芽接、根接、靠接、茎尖接、实生嫁接等；按嫁接时期分生长期嫁接、休眠期嫁接。

今天我们练习的是切接的方法。大家还记着切接是一种什么样的嫁接方法吗？它的接穗怎样削？

学生甲：切接是枝接的一种，在休眠期进行。接穗通常长 5～8cm，留 1～2 个芽削成两个切面。长面在侧芽的同侧，长 3cm 左右，在长面的对侧削一短面，长 1cm 以内，砧木齐平滑处剪去，削平断面，于木质部的边缘向下直切，切口长度和宽度与接穗相对应。将接穗插入切口，并使形成层对齐。

学生乙：非常好。下面我来给大家示范一下切接的方法（示范）。

学生乙以榆叶梅为例，用当年生枝演示切接接穗的削法、与砧木结合绑缚的方法。示范演示时，要保证全组同学看得清，同时关键环节要强调，也可以提问。然后再连续完整地操作一遍。

学生乙：大家看明白了吗？下面请学生戊削一个接穗。

学生戊操作切接接穗的削法。其他同学观察，教师要观察学生戊操作的规范性（模仿）。

学生乙：学生戊削成的接穗基本正确，但是存在两方面问题，一是长削面长度不够，仅仅 2cm，一般至少达到 2.5cm；再者是削面不平。大家再看看我削的接穗，长削面 3cm左右，削面一定要平滑。这是保证嫁接成活非常重要的方面。大家都明白了吗？下面大家进行练习。

大家削接穗时，学生乙观察、巡视，并及时指导，纠正不正确的操作（练习）。

学生乙：经过大家的反复练习，更多的同学已基本掌握了切接的嫁接方法，但是还存在一定的共性问题，就是削面不平，同时有毛茬，在与砧木对接绑缚时形成层错位没有对齐。因此各位同学下课后还要刻苦练习，下次上课时请每人交上符合要求的切接接穗 200 个（总结评价）。

5　任务评价

首先，教师对各小组进行的四阶段教学法的完成情况进行总结，强调四阶段教学法的教学过程及步骤，指出各小组进行教学模拟存在的问题；各小组汇报进行四阶段教学法的收获、体会，相互交流。然后教师组织对这次教学实训的评价工作，包括学生自评、小组成员的互评、小组之间的互评和教师的总结性评价。

【成果资料】

以组为单位提交四阶段教学法的案例设计 1 份，以个人为单位提交实训总结 1 份。

【考核方式及评价标准】

采用小组评价与个人评价相结合、过程评价与结果评价相结合的方式，对学生的实训效果进行评价。

小组评价包括四阶段教学法方案设计及教学实施两部分内容，要求教学方案中，教学内容选取合理，教学目标明确并具有较强的可操作性、可检查性，时间安排合理，教学方式方法选择恰当；教学实施能充分发挥四阶段教学法的优势，起到理论学习与技能培养并重的效果。

个人评价包括实训过程中表现评价与实训总结评价两部分内容。实训过程中表现评价包括组织纪律、工作态度、团队意识、创新表现等方面的评价；实训总结要求言之有物，能很好地总结概括实训过程中出现的问题及解决问题的过程，并有自己的思考与见解。

实训 6　项目教学法在园林专业教学中的应用

【任务介绍】

项目教学法适合于学习应用技术类的课程，是在老师的指导下，将一个相对独立的项目交由学生自己处理，信息的收集、方案的设计、项目实施及最终评价都由学生自己负责，学生通过该项目的进行即项目学习来了解并把握整个工作过程及每一个任务环节的基本要求。本任务主要由学生设计教学内容，学生按项目教学法的步骤组织教学，使项目教学法与园林专业教学活动相结合，通过学生模拟教师的角色进行项目教学法的教学组织与实施，培养学生应用项目教学法从事园林专业教学实践的工作能力。

【任务目标】

（1）了解项目教学法的内涵及概念。

（2）熟悉项目教学法开展教学活动的过程与步骤。

（3）掌握项目教学法在园林专业相关课程中的教学组织过程和特点。

【教学设计】

本任务采用模拟教学法开展教学活动。实训之前布置任务，要求各小组进行项目教学法的案例设计，应用的案例必须是园林专业的内容，然后分组进行项目教学法的训练。各小组训练时可以指派代表充当教师的角色，也可以小组每一个成员均作为教师按项目教学法组织一次教学活动，组内其他成员作为学生配合"教师"完成项目教学法的整个教学过程。教师对每组的教学实训工作进行评价，指出各组进行项目教学法实施时的优点与不足，并再次对项目教学法的特点、教学组织的步骤归纳总结，加深学生的印象，提高学生的教学工作能力与从师素质。

【任务知识】

1　项目教学法的特点

项目教学法的显著特点可概括为"以项目为主线、教师为引导、学生为主体"，改变了以往"教师讲、学生听"的灌输式教学模式，创造了学生主动参与、自主协作、探索创新的新型教学模式。其主要特点有以下几点：

（1）目标指向的多重性　　对学生，通过转变学习模式——这种模式使得学生的主动参与程度大大提高——在主动积极的学习过程中激发学习兴趣和创造力，培养分析和解决实际问题的能力；对教师，在学生学习过程的参与和指导中不仅是知识传递者，更是学生学习的促进者、组织者和指导者；对学校，可建立全新的课程理念，探索课程模式、教学组织形式、教学管理、课程考核评价、教学支撑条件等的革新，逐步整合学校课程体系，提升学校的办学思想和办学目标。

（2）课程总体课时短，见效快　　项目教学法通常是在一个短时期内、较有限的空间范围内进行的，由于学生的参与程度高，能够充分利用课后时间学习，所以课程课堂学习时间可以缩短，实现课堂学习课外化。又由于项目成果具体真实，其教学效果可测评性好。

（3）可控性好　　项目教学法由学生与教师共同参与，学生的活动由教师全程指导，教师可以根据项目进行情况适当调整项目进行节奏，以有利于学生练习技能、完成项目。

（4）注重理论与实践相结合　　项目来源于职业岗位，使得学校学习与企业工作实现对接，这就是学校学习与企业工作相联系；要完成一个项目，就要求学生从学习原理入手，应用原理分析项目特点、制订工作步骤，然后实施。而实践所得的结果又考问学生：是否是这样？是否与书上讲的一样？这是书本知识与实际工作相联系。

（5）注重完成教学过程　　在项目教学法中，学习过程是一个创造性的实践过程，注重的是完成项目的过程而不是最终的结果，因为有些学生显现训练的结果可能要滞后一段时间，另外学生若掌握了工作过程可以通过课后更多的自我练习来提高技能，从这个角度讲，过程的掌握比结果更重要。

（6）学生为主体、教师为引导者　　在项目教学法中，学习模式的变化使得教师成为学生学习过程中的引导者、咨询者和监督者，学生可根据自身的情况在一定范围内自由决定学习的进度，教师在学生学习过程中时而以旁观者、时而以参与者、时而以咨询者的身份出现，教师不断转换各种角色，但始终让学生成为学习的主体。

2　项目教学法的工作步骤

（1）项目呈现　　通常由教师提出一个或几个项目设想，然后同学生一起讨论，最终确定完成项目的目标和任务。可以全班选取一个共同的项目，也可以各人（小组）从同类项目中选择不同的项目，这样可以通过选题来激发所有参与者的兴趣。

（2）学习相关知识　　由教师讲授支撑该项目的理论知识，教师讲授时可以采用讲授法、举例法等各种适宜的方式，学生查找相关资料辅助学习。

（3）项目准备　　教师提供关于拟完成项目的基础资料，如果采用真题项目，必要时可安排考察项目现场，教师还可以带领学生观摩类似项目，在此基础上学生制订完成项目的工作步骤和工作计划，教师或工程技术人员审核，提出修改意见，学生完善工作方案。

（4）项目执行　　该步骤是主要工作，学生确定各自在小组中的分工以及小组成员合作的形式，然后按照已经确立的工作步骤和工作内容进行工作。在这个过程中，学生自主实施，教师充当咨询者和协调者的角色，协助完成项目。在这个过程中应有一些小的反馈步骤，使学生的经验和中间结果可以在小组间交流。

（5）项目评估　　项目教学应有明确的结尾，所有的项目参与者都应有机会展示自己的成果并参与讨论。项目评估是对项目结果的检验，也是培养学生语言表达能力和敢于发表自主观点的手段。一般先由学生对自己的工作结果进行自我评估，还可由其他学生评估，然后由教师进行评估，师生通过共同讨论、评判项目来发现项目成果中的不足之处和完善的方法。学生在教师评估后做项目反馈，归纳总结学习成果。

【实施条件】

图书资料、网络资源、多媒体教室。根据园林专业特点和学生设计的项目教学法的案例需求需要的工具、场地、材料等，如插花场地、花材、花器，花坛施工场地、花卉材料、施工工具，道路绿化方案设计需要的绘图室、计算机、绘图板等。

【实施过程】

1　准备与计划

　　教师已经讲授过项目教学法的基础知识，在训练之前可以进行复习。

　　对学生分组，考虑到模拟教学的组织需要"师"与"生"的配合，建议小组8～10人。

　　由于各组选取的不同教学内容需要的场地、材料、工具不同，为方便教学的组织，可以安排在多媒体教室分组进行项目教学法的教学设计汇报，具体授课实训可以全班选择同一教学内容分组进行，这样可以解决场地分散无法组织实训的问题。

2　任务导入

　　教师帮助学生分析园林专业的特点、进行项目教学法的主要步骤和注意事项。布置任务，即让学生进行项目教学法的案例设计，每组提交一份园林专业相关内容的项目教学法的案例。经教师审核通过后，进行项目教学法的教学实训。

3　任务展示

　　教师提出本次实训的任务及要求。每组分开进行项目教学法的教学活动。

4　任务实施

　　根据各小组设计的教学案例准备教学实施需要的场地、材料、工具等，然后在教师的指导、组织下，按照教学设计各小组进行项目教学法的模拟教学。教师要在现场观察、指导，必要时提供帮助。

　　本项实训要求模拟教师的学生熟练掌握相对应教学内容的实践技能，选取进行模拟教学的教学案例内容也最好是学生已经学习过的。教师需要根据学生教学设计的具体内容在实训前进行必要的指导，同时注意操作安全。下面以一个小组选择的"插花艺术"课程中"西方风格花篮创作"为例，介绍项目教学法的实训过程。

　　为叙述方便小组成员代号分别为甲、乙、丙、丁⋯⋯

　　教师：根据同学们的教学设计方案，下面由你们进行项目教学法的教学实施，内容是"西方风格花篮创作"。

　　学生甲作为教师来模拟进行项目教学法的教学实施。

　　学生甲（模拟授课的老师）：同学们好，今天我们进行西方风格花篮创作。我们在课堂上已经给大家介绍了关于西方插花艺术的特点及其基本造型的知识，同时我们也练习过西方插花的造型。请问西方插花的特点有哪些？

　　学生丁：西方插花花材用量大，构图以几何图形为主。

　　学生丙：插制方法为大堆头，色彩鲜艳、浓烈。

　　学生甲：好。这两位同学回答的基本正确。西方插花注重色彩表现，构图轮廓清晰，立体感强，是礼仪插花的常用造型。

　　学生甲：大家知道花篮插花有什么特点吗？适合什么场合应用？

学生庚：花篮插花一般用于迎来送往时，比如喜庆宴会、迎送宾客、庆贺开业等活动中。花篮多数体积较大。

学生乙：花篮不能盛水。

学生甲：刚才两位同学回答得很好，把花篮插花的特点均描绘出来了。下面请同学们讨论一下你们进行花篮插花创作的主题，然后作为今天各小组进行花篮插花的主题。

……小组成员进行讨论，最后确定主题为酒店开业、长辈祝寿、小朋友生日。

学生甲：好。刚才大家讨论确定了主题，下面我们2～3人分成一组，各小组确定自己的创作主题（以上环节为项目呈现）。

大家注意，以上3个主题面向的对象、布置场地均不同，因此请大家注意选择创作的插花大小、花篮的大小、花材种类、花材的色彩、插花造型均有所不同（学习相关知识）。

各组人员选择花篮、准备花泥、挑选合适的切花材料，小组成员讨论插花创作方案，然后进行创作。该阶段需要20～30min。学生甲要巡视各组准备、实施情况，可以给予必要的指导。教师要观察学生甲对教学组织的各个阶段处理能力（项目准备、项目实施，项目准备在授课实训前已准备好）。

各小组将完成的花篮插花作品提交。

学生甲：各位同学，刚才各组同学完成了西方风格的花篮插花的创作，下面各组对自己作品的立意、构思、造型等进行说明，其他组的同学可以在他们汇报后进行提问。

每组同学汇报、答辩。

学生甲：刚才各组对自己创作的花篮插花作品进行了展示和说明。针对今天各组花篮插花创作的过程和作品我进行一下总结。

首先对大家的表现给予肯定，所有小组均按规定时间完成了花篮插花的创作，且作品完整，同时根据提问可以了解到，大多数同学基本掌握了西方插花艺术的特点。多数小组创作的插花作品符合创作的要求"西方风格的花篮插花"和与所选主题契合，小组成员能够团结协作。但是完成任务的过程中也存在一定的问题。第一，造型特征不太符合西方插花特点，如第二组利用野生的芦花作为骨干花材且参差不齐的应用，不太符合长辈祝寿的主题和西方插花特征；第二，有一半左右的同学插花基本技能不够熟练，如对花材的修剪、整理，花泥的掩盖；第三，色彩选择有些作品不太适宜，如第一组小朋友生日花篮应该色彩鲜艳、活泼，你们的作品仅用大红色与绿叶相配显得单调。

好，今天我们进行了西方风格花篮的插花创作，进一步掌握了西方插花艺术的应用。请大家课后查阅资料，西方插花还可以在哪些场地中进行应用？

其他同学也要进行项目教学法的实训。

教师：今天各组选取代表进行了项目教学法的实训，多数同学基本掌握了项目教学的特点和教学步骤，即项目呈现、学习相关知识、项目准备、项目执行、项目评估5个主要阶段。项目教学法非常适合我们园林专业主要专业课程的教学，尤其是这种教学方法与职业岗位密切联系，可以充分发挥学生学习的积极性，提高学生的综合能力。作为将来职业学校的教师，掌握项目教学法的特点和教学组织过程，会对你们的教学工作大有裨益。

刚才有的同学模拟教师进行项目教学法时也有一些不足。如有的同学（模拟教师）全程对插花创作进行手把手地指导，这就没有体现"学生为主导"的特点；还有的同学对项目教学法的教学程序不太熟悉，准备工作不足，致使教学过程不熟悉，离不开教案；也有的同学漏掉了最后"项目评估"这个阶段。

5　任务评价

教师对各小组进行的项目教学法的完成情况进行总结，强调项目教学法的教学过程及步骤，指出各小组进行教学模拟存在的问题。

各小组汇报进行项目教学法的收获、体会，相互交流。然后教师组织对这次教学实训的评价工作，包括学生自评、小组成员的互评、小组之间的互评和教师的总结性评价。

【成果资料】

以组为单位提交项目教学法的案例设计 1 份，以个人为单位提交实训总结 1 份。

【考核方式及评价标准】

采用小组评价与个人评价相结合、过程评价与结果评价相结合的方式，对学生的实训效果进行评价。

小组评价包括项目教学法方案设计及教学实施两部分内容，要求教学方案中教学内容选取合理，学习目标明确并具有较强的可操作性、可检查性，时间安排合理，教学方式方法选择恰当；教学实施能充分发挥项目教学法的优势，起到理论学习与技能培养并重的效果。

个人评价包括实训过程中表现评价与实训总结评价两部分内容。实训过程中表现评价包括组织纪律、工作态度、团队意识、创新表现等方面的评价；实训总结要求言之有物，能很好地总结概括实训过程中出现的问题及解决问题的过程，并有自己的思考与见解。

主要参考文献

陈钢，刘丹，张金姣．2014．职业教育专业教学法［M］．桂林：广西师范大学出版社．

陈军，颜明忠．2007．现代职业技术教育中的实验教学法［J］．广西工学院学报，18（S1）：169-172．

姜大源．2006．职业教育学研究新论［M］．北京：教育科学出版社．

李雄杰．2011．职业教育理实一体化课程研究［M］．北京：北京师范大学出版社．

李志勇．2012．"任务驱动"教学法在互动媒体设计与制作课程中的应用［J］．中国职业技术教育（11）：15-19．

牛海军，白续铎，张艳红．2012．实验教学法培养学生创新能力探讨［J］．齐齐哈尔医学院学报，33（11）：1495-1496．

皮连生．2004．教育心理学［M］．上海：上海教育出版社．

全国十二所重点师范大学．2002．教育学基础［M］．北京：教育科学出版社．

唐强奎．2009．浅谈任务驱动教学法、行为引导教学法、项目课程开发与活动课程开发的关系研究［J］．中国职业技术教育（333）：57-59．

田海梅，张燕．2011．基于任务驱动的计算机专业课教学模式［J］．实验技术与管理，28（5）：145-147．

王刚，李晓东．2012．林业专业教学法［M］．北京：北京师范大学出版社．

王平安．2009．职业教育实践教学概论［M］．南京：南京大学出版社．

徐朔．2012．职业教育教学法［M］．北京：高等教育出版社．

严中华．2009．职业教育课程开发与实施［M］．北京：清华大学出版社．

杨建勋．2013．计算机教学中任务驱动教学法的实施［J］．教育与职业（6）：159-160．

姚连芳．2012．园林专业教学法［M］．北京：高等教育出版社．

岳淑玲．2013．任务驱动法在"SQLServer 数据库管理"教学中的应用［J］．教育与职业（20）：149-150．

张家祥，钱景舫．2001．职业技术教育学［M］．上海：华东师范大学出版社．

张剑平．2003．现代教育技术［M］．北京：高等教育出版社．

赵志群，白滨．2013．职业教育教师教学手册［M］．北京：北京师范大学出版社．

周洋，沈雷，孙闽红，等．2012．主动式实验教学法的探索与实践［J］．实验室科学，15（5）：14-16．